# $CO_2$のQ&A50

## グラフと図表でわかる環境問題

笠原三紀夫
東野　達　編著
酒井　広平

丸善出版

〈執筆者一覧※50音順、【】内は担当項目〉

太田　智暁（おおた・ともあき）
　　滋賀県琵琶湖環境部温暖化対策課
　　【Q30】

奥田　一臣（おくだ・かずおみ）
　　滋賀県琵琶湖環境部温暖化対策課
　　【Q11】

岡田　英基（おかだ・ひでき）
　　滋賀県琵琶湖環境部温暖化対策課
　　【Q32】

笠原三紀夫（かさはら・みきお）
　　京都大学名誉教授
　　【Q1〜Q5,Q13,Q15,Q19,Q22,Q23,Q38〜Q40,Q42,Q44,Q45,Q49,Q50】

酒井　広平（さかい・こうへい）
　　国立環境研究所地球環境研究センター温室効果ガスインベントリオフィス
　　【Q6〜Q10,Q16〜Q18,Q24,Q27,Q46,Q47】

東野　達（とうの・すすむ）
　　京都大学大学院エネルギー科学研究科
　　【Q14,Q25,Q26,Q28,Q29,Q34〜Q37,Q43,Q48】

濱口　弘行（はまぐち・ひろゆき）
　　京都市環境政策局循環型社会推進部循環企画課
　　【Q41】

藤岡　伸亮（ふじおか・しんすけ）
　　京都市環境政策局地球温暖化対策室
　　【Q12,Q21,Q33】

横田　久司（よこた・ひさし）
　　東京都環境整備公社東京都環境科学研究所
　　【Q20,Q31】

# まえがき

　気候変動に関する政府間パネル（IPCC）の第4次評価報告書では、20世紀後半の世界平均気温の急上昇は、人間活動に伴う二酸化炭素（$CO_2$）など温室効果ガス濃度の増加による可能性がきわめて高く、21世紀末には現在よりさらに最大で6.4℃上昇する可能性があると評価しています。これらの評価結果は、地球温暖化問題が極めて深刻な状況にあり、地球規模で早急に温暖化対策に取り組まねばならないことを示唆しています。地球温暖化の最大の原因物質である$CO_2$は、その大部分が化石燃料から排出されるものであることから、地球温暖化対策は言葉を変えればエネルギー対策ということもできます。

　温室効果ガスの削減目標を国際的に初めて定めた京都議定書が採択された1997年から既に15年が経過しました。議定書で定められた第一約束期間である2008～2012年も既に最終年となりましたが、世界的にみて温暖化対策が順調に進展しているとは思えません。6％の削減義務を負った日本の場合、2010年度の速報値によると、基準年である1990年度の温室効果ガス排出量は$CO_2$換算で12.61億tであったのに対し、2008～10年度の排出量は、各々12.81億t（基準年比＋1.5％）、12.09億t（－4.2％）、12.56億t（－0.4％）となっています。第一約束期間の直前の2007年度の排出量は13.65億t（＋8.2％）と過去最大であったのが、2008年度以降に大きく減少したのは、世界的な経済の低迷によるもので、今後経済状況の回復により$CO_2$排出量が増大する可能性があることを念頭におくと、2008～12年の5年間平均で6％減は容易でなく、森林吸収や京都メカニズムクレジットを含めることにより6％削減を達成する計画となっています。

　京都議定書以後の地球規模での削減対策については、不確定な要素もありますが、2011年12月のCOP17において、京都議定書以後に空白期間をつくらないよう第二約束期間を設定するとともに、2020年には温室効果ガスの大排出国である米国や中国などを含め、すべての国が参加する新しい枠組みをつくることで合意しました。しかし、最も重要なことは実効性の高い対策をより早く具体化し、実施することにあります。

本書を企画する間の 2011 年 3 月 11 日、東北地方でわが国観測史上最大の大地震が起こり、この地震に伴い想像を絶する大津波が発生しました。さらに、この地震・津波が原因となって東京電力福島第一原子力発電所事故が引き起こされました。東日本大震災、福島第一原子力発電所事故により被災された皆様には、心からお見舞い申し上げます。

　東日本大震災以後、エネルギーが、そしてエネルギーより生み出される電力が、私たちの生活の中でいかに重要であるかを改めて知らされました。$CO_2$ 排出量も大震災や原子力発電所事故と密接に関連していますが、本書では基本的に大震災前のデータを利用しています。今後のエネルギー政策をどのように考えるか、原子力発電を再開するのか、再開するとすればその時期はいつか、大震災を通し生まれた節電意識が将来にわたり根付くことができるか等々は、エネルギーの安定供給とともに地域環境や地球環境の保全にも大きく影響することは必至です。

　本書は、このような背景の下、$CO_2$ に関わる主要な問題 50 項目を選び、最新の状況や問題点をまとめたものです。第 1 章では地球温暖化と $CO_2$、第 2 章では温室効果ガスの排出量推定方法、第 3 章では世界や日本の $CO_2$ 排出状況、第 4 章では $CO_2$ 削減のための取組み、第 5 章ではまとめとして地球規模の環境問題と将来世代、について述べています。

　紙数の制限から、重要な事項でも項目に選ぶことができなかったものがあります。また各項目についても、必ずしも十分説明ができなかった部分があります。しかしながら、できる限り理解し易いように、図表を多くし関連の深いデータを示すことを心がけました。

　本書は、中学生から一般の方々を対象に、地球温暖化や $CO_2$ に関する基礎的事項や最新の状況・問題点について Q&A 方式でまとめました。読者の皆様には、地球温暖化問題、エネルギー問題により深い関心を持っていただき、エネルギー消費の削減や地球環境の保全に取り組む契機となっていただければ幸いです。

　最後に、原稿の作成にあたり、日本鉄鋼連盟、鉄鋼環境基金、石油連盟、東京電力の関係者の皆様に $CO_2$ 対策などにつき種々ご教示いただきました。また、本書の企画ならびに編集にあたり、丸善出版・小林秀一郎氏、松平彩子さんには企画、編集において大変お世話になりました。ここに記し、お世話になりました皆様に心より感謝申し上げます。

2012 年 3 月

編　者　笠原三紀夫、東野　達、酒井広平

# 目　次

## 第1章　地球温暖化と二酸化炭素
- Q1　なぜ $CO_2$ なのでしょうか？ ……………………………………………… 2
- Q2　いま地球温暖化はどのような状況にあるのでしょうか？ ……………… 4
- Q3　なぜ地球温暖化対策が必要なのでしょうか？ …………………………… 6

## 第2章　$CO_2$ 排出量はどのように計算するのでしょうか？
- Q4　$CO_2$ 排出係数、$CO_2$ 排出原単位とは何でしょうか？ ………………… 10
- Q5　燃料の $CO_2$ 排出係数を計算してみませんか？ ………………………… 12
- Q6　京都議定書で求められる日本の温室効果ガス排出量は誰が決めているのですか？‥ 14
- Q7　日本の温室効果ガスはどこから排出されていますか？ ………………… 16
- Q8　$CO_2$ 排出量はどのように計算するのでしょうか？ ……………………… 18
- Q9　$CO_2$ 以外の温室効果ガスの排出量はどのように計算するのでしょうか？‥ 20
- Q10　$CO_2$ の吸収源とは何ですか、またその量はどれくらいですか？ …… 22
- Q11　都道府県単位の $CO_2$ 排出量はどのように計算するのでしょうか？ … 24
- Q12　市町村単位の $CO_2$ 排出量はどのように計算するのでしょうか？ …… 26
- Q13　企業等からの $CO_2$ 排出量はどのように計算し、公表されるのでしょうか？‥ 28
- Q14　家庭からの $CO_2$ 排出量はどのように計算するのでしょうか？ ……… 30
- Q15　地震などの自然災害や人為災害は $CO_2$ 排出量に影響しますか？ …… 32

## 第3章　世界や日本の $CO_2$ の排出状況はどのようでしょうか？
- Q16　世界の $CO_2$ 排出量はどのくらいでしょうか？ ………………………… 36
- Q17　日本の $CO_2$ 排出量はどのくらいでしょうか？ ………………………… 38
- Q18　日本の $CO_2$ 排出量は他の国と比較しどんな特徴がありますか？ …… 40
- Q19　各都道府県の $CO_2$ 排出量はどのくらいでしょうか？ ………………… 42
- Q20　排出量最大の東京都の $CO_2$ 排出量の特徴は何ですか？ ……………… 44
- Q21　COP3 開催地京都市の $CO_2$ 排出量はどのくらいでしょうか？ ……… 46
- Q22　東日本大震災後の $CO_2$ 排出量にはどのような変化がありますか？ … 48

## 第4章　$CO_2$ 排出削減のためどのような取り組みがなされているのでしょうか？
- Q23　$CO_2$ 排出削減のためにはどのような取り組みがありますか？ ……… 52
- Q24　$CO_2$ 削減への国際的な取り組みとしては何がありますか？ ………… 54
- Q25　IPCC はどのような組織でどんな活動をしていますか？ ……………… 56

- Q26 京都議定書とはどのようなものですか？ ･･････････････････････ 58
- Q27 日本以外の国での$CO_2$の削減対策はどのような状況ですか？ ･･････ 60
- Q28 国の削減対策にはどのようなものがありますか？ ･････････････ 62
- Q29 低炭素社会って何ですか？ ････････････････････････････････ 64
- Q30 各都道府県では温暖化対策としてどのような取り決めがありますか？ ･･･ 66
- Q31 取り組みの進んでいる東京都の$CO_2$削減対策の特徴は何ですか？ ･･･ 68
- Q32 2030年50％削減を目指す滋賀県の考えはどのようなものですか？ ･････ 70
- Q33 COP3開催地の京都市ではどのような$CO_2$削減対策を進めていますか？ ･･･ 72
- Q34 $CO_2$削減のための技術的対策としてどんな技術がありますか？ ･･････ 74
- Q35 再生可能エネルギーにはどんなものがありますか？ ････････････ 76
- Q36 太陽光発電や風力発電の可能性と問題点は何でしょうか？ ･･･････ 78
- Q37 水力発電、地熱発電などの可能性と問題点は何でしょうか？ ･････ 80
- Q38 電力事業ではどのような対策をとっていますか？ ･････････････ 82
- Q39 石油関連事業ではどのような対策をとっていますか？ ･････････ 84
- Q40 鉄鋼業ではどのような対策をとっていますか？ ･･･････････････ 86
- Q41 廃棄物分野に関してはどのような対策をとっていますか？ ･･････ 88
- Q42 自動車ではどのような対策をとっていますか？ ･･･････････････ 90
- Q43 電化製品の普及と省エネ化はどのような状況でしょうか？ ･･････ 92
- Q44 照明革命、LEDの特長は何ですか？ ･･････････････････････ 94
- Q45 省エネのためのトップランナー基準とは何でしょうか？ ････････ 96
- Q46 オフィスビルではどのような取り組みが行われていますか？ ････ 98
- Q47 家庭ではどのような取り組みができますか？ ･････････････････ 100
- Q48 エコドライブってどんなことですか？ ････････････････････････ 102

## 第5章 地球規模で考えてみよう

- Q49 地球規模で今、真っ先に取り組まなければならないことは何ですか？ ･･･ 106
- Q50 将来世代に優しい地球・環境を引き継ぐために何をすべきでしょうか？ ･･ 108

## 付 録

- $CO_2$関連／用語解説 ････････････････････････････････････････ 112

## 索 引 ･･････････････････････････････････････････････････････ 116

---

☕ ティータイム

$CO_2$の重さって？…8／食事と$CO_2$…34／各国の家畜事情…50／
自転車発電…104／ドイツのトラム…110

# 第 1 章

# 地球温暖化と二酸化炭素

# Q1 なぜ $CO_2$ なのでしょうか？

　地球温暖化は地球環境に深刻な影響を及ぼし、人類の生存にも関わる問題としてその抑制が急がれています。

　地球は太陽光により暖められ、暖められた地表面からは波長の長い赤外線が空に向かって放出されます。この赤外線は大気中に存在する二酸化炭素（$CO_2$）やメタンなどの「温室効果ガス（GHG）」に吸収され、自身も温まってその熱の一部を地表面に向かって再放出し、その熱のために温暖化が引き起こされます。京都議定書（Q26 参照）では、表 1 に示した 6 物質を GHG として認定しました。GHG は大気中の濃度が高くなるほど温暖化が進むことから、現在はこの 6 物質の排出抑制が求められています。表中の GWP は地球温暖化係数といい、物質により温暖化の影響度合いが異なるため、$CO_2$ の効果を 1 とした相対値として表した値です。GWP は温室効果の見積もり期間によっても変わります。

　温暖化に及ぼす各 GHG の効果は、GWP と大気中の濃度に依存します。表 1 にみられるように、大気中の $CO_2$ は他の GHG に比べ数桁高い濃度をもっており、GWP の違いを考慮しても温暖化効果は最大となります。図 1 は産業革命以降 1998 年までに人為的に排出された各 GHG の温暖化への長期的な相対寄与度と日本が 2005 年度に排出した各 GHG の温暖化への短期的な相対寄与度を表したものです。短期的には $CO_2$ の寄与度は 95.1％に達し、他の GHG に比べきわめて大きいことがわかります。そのため、$CO_2$ 以外の GHG については、通常 GWP を加味した $CO_2$ 量に換算し、「$CO_2$ 換算量」として表されます。したがって、地球温暖化問題では、GHG を $CO_2$ と表現することも少なくありません。本書においても、GHG を $CO_2$ として表現している場合もあります。

　$CO_2$ の排出の多くは化石燃料の使用に伴うもので、これを「エネルギー起源 $CO_2$」、それ以外を「非エネルギー起源 $CO_2$」と表現しています。2009 年における世界のエネルギー起源 $CO_2$ 排出量は 290.0 億 $t$-$CO_2$、日本のそれは 10.8 億 $t$-$CO_2$ で世界の 3.7％でした。日本の 2010 年における GHG 排出量とその内訳を表 2 に示しました。GHG の中でも $CO_2$、とりわけエネルギー起源 $CO_2$ の割合が高く、温暖化対策ではエネルギー対策が最も重要であることがわかります。

> **要点** なぜ $CO_2$ なのか？
> 1) 日本から排出される温室効果ガス（GHG）の地球温暖化への短期的寄与度の95%は $CO_2$ による。
> 2) $CO_2$ 換算量で GHG に占める $CO_2$ の割合は、全国平均で95%に達する。
> 3) $CO_2$ の排出源の大部分は化石燃料燃焼に伴うエネルギー起源である。
> 4) したがって、$CO_2$ 削減対策はエネルギー削減対策が最も重要である。

表1 京都議定書で対象となっている温室効果ガス（GHG）

| 温室効果ガス | GWP（100年） | 大気中濃度 | 代表的排出源・主な用途等 |
|---|---|---|---|
| 二酸化炭素（$CO_2$） | 1 | 390 ppm | 化石燃料の燃焼 |
| メタン（$CH_4$） | 21 | 1.8 ppm | 消化管内発酵、稲作、埋め立て |
| 一酸化二窒素（$NO_2$） | 310 | 0.3 ppm | 燃料燃焼、農地 |
| ハイドロフルオロカーボン類（HFCs） | 数百～約1万 | | エアコン・冷蔵庫の冷媒、スプレー、精密機器・半導体洗浄 |
| パーフルオロカーボン類（PFCs） | 数千 | | 半導体製造、溶剤 |
| 六フッ化硫黄（$SF_6$） | 23,900 | 7 ppt | 半導体製造、電気絶縁体 |

GWP 地球温暖化係数：$CO_2$ の温暖化効果を1としたときの各ガスの100年間の効果

表2 日本における2010年の温室効果ガス排出量（億 t-$CO_2$ 換算）

| | 基準年（1990年） | 2010年度 |
|---|---|---|
| 温室効果ガス（GHG）総量 | 12.61（100%） | 12.56（100%） |
| $CO_2$ | 11.44（90.7%） | 11.91（94.8%） |
| 　　エネルギー起源 | 10.59（84.0%） | 11.22（89.4%） |
| 　　非エネルギー起源 | 0.85（6.7%） | 0.69（5.5%） |
| 5物質（$CH_4$、$N_2O$、HFCs、PFCs、$SF_6$） | 1.17（9.3%） | 0.65（5.2%） |

［国立環境研究所 GIO データより作成］

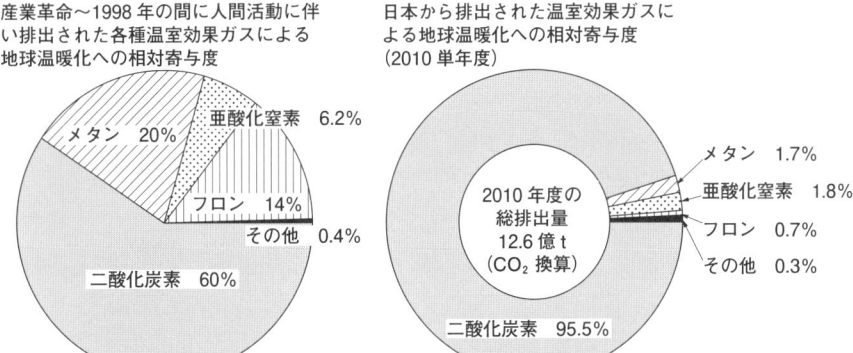

図1 地球温暖化への各温室効果ガスの寄与度 ［平成19年版環境白書より推定・作成］

## Q2 いま地球温暖化はどのような状況にあるのでしょうか？

　地球温暖化の進行状況を世界の平均気温の変化でみると図1のようになります。ここでは、最近30年間の世界全体の平均気温（約14℃）を基準値とし、各年の平均温度と基準値との偏差として表しています。平均的に100年あたり約0.74℃上昇しており、特に最近の50年間についてみると約0.65℃/50年となり、過去100年の2倍近い上昇率となっています。このような過去にない急激な気温の上昇は、自然の変動によるものではなく、人間活動に起因した温室効果ガスの増加による可能性がきわめて高いと考えられています。

　地球温暖化に最も大きく寄与している$CO_2$について、世界の排出量と大気中の濃度の長期的な変化を図2に示しました。$CO_2$濃度は、排出されたものが年々蓄積され、18世紀後半に起こった産業革命以前にはおよそ280ppm（0.028%）であったものが、現在では390ppmにまで達しています。図からもわかるように、$CO_2$の排出は主として石炭や石油、天然ガスといった化石燃料の燃焼に由来し、全体の95%を占めています。1950年代以降、エネルギー消費量の増大に伴い、大気中の$CO_2$濃度の増加量も大きくなり、最近では1年間におよそ2ppm増加しています。

　地球温暖化に関する観測データやシミュレーション予測結果などの科学的知見を収集・評価し、技術的対策や政策、影響予測などに関する提言を行っているIPCC（Q25参照）は、2007年に第4次評価報告書を公表しました。科学的知見の要点を表1にまとめました。

　地球温暖化が原因となっている可能性がある現象として、図1に示した気温の上昇以外にも、氷河や海氷の融解、干ばつの増加、大雨や強い台風など異常気象が増加していることなどが挙げられます。例えば、IPCC第4次評価報告書によれば、北極海の海氷面積は年々減少し、夏季には10年間あたり7.4%縮小していることが衛星観測により確認されています。また、私たちの身近な例としても、夏季の高温や雨の降り方の変化など、地球温暖化の影響ではと感じることが多々あります。気温が30℃を超える真夏日や35℃を超える猛暑日など、高温日数は増加傾向にあります。また降雨についても、1時間に50mm以上の雨が目安といわれる集中豪雨の回数が増加傾向にあることは統計的にも明らかになっています。さらには最近では、1時間の降雨量が100mmを超えしかもきわめて局所的であるゲリラ的降雨の報道が多くなった、との印象をもつ人も多いことと思います。

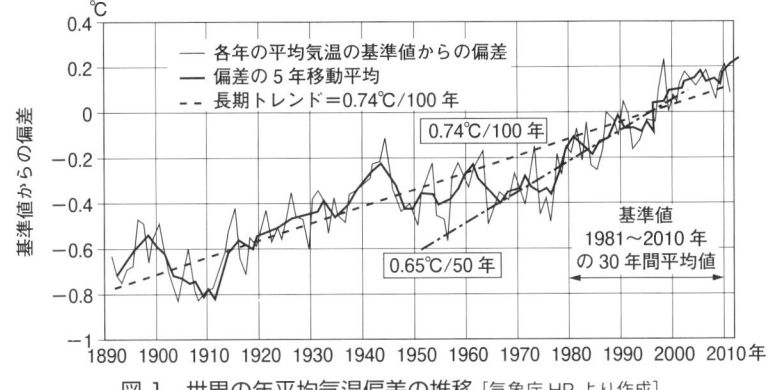

図1 世界の年平均気温偏差の推移 [気象庁HPより作成]

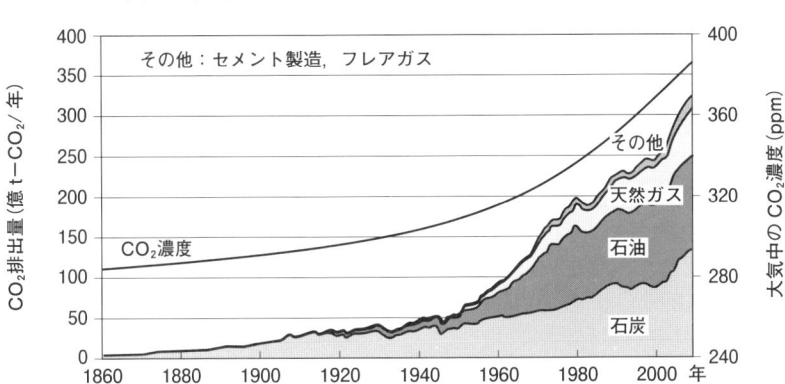

図2 $CO_2$ の排出量と大気中の濃度の推移 [$CO_2$ 情報解析センター CDIAC HPより作成]

表1 IPCC第4次評価報告書の要点 [IPCC第4次評価報告書より作成]

| 指 標 | 観測された、予測される変化 |
|---|---|
| 世界平均気温 | 1) 2005年までの100年間に世界の平均気温が0.74（0.56〜0.92）℃上昇<br>2) 最近50年間の昇温の長期傾向は、過去100年間のほぼ2倍<br>3) 1995〜2005年のうち1995年を除く11年は1850年以降最も温暖<br>4) 北極の平均気温は過去100年間で世界平均上昇率の約2倍の速さで上昇<br>5) 温暖化対策をしなければ、21世紀における推定気温上昇は最大6.4℃ |
| 平均海面水位 | 1) 20世紀を通じた海面水位上昇量は0.17m<br>2) 1993〜2003年の上昇率は年あたり3.1mm<br>3) 海面上昇は、気温安定化後何百年も続き、多くの地域が水没 |
| 気候変動・影響 | 1) 暑い日や熱波の発生頻度が増加、寒い日や霜が降りる日の発生頻度が減少<br>2) 大雨や洪水、土砂災害の発生頻度が増加<br>3) 1970年代以降、特に熱帯・亜熱帯地域で干ばつの地域が拡大、激しさと期間が増加<br>4) 気温上昇により大気の運動が活発化し、異常気象が起こる可能性が大<br>5) 山岳氷河と積雪面積は、南北両半球において平均すると縮小<br>6) 自然生態系、食料、健康、国民生活に影響 |

## Q3 なぜ地球温暖化対策が必要なのでしょうか？

　地球温暖化に関する科学的な研究成果の収集、まとめを行っているIPCCは、第4次評価報告書で「20世紀後半の世界平均気温の急激な上昇の主要因は、$CO_2$をはじめとした人為起源の温室効果ガスの増加である可能性がきわめて高い」と結論づけています。また、シミュレーション計算により将来の気候変動を、対策の異なる6つの排出シナリオについて予測し、気温上昇と海面水位上昇に関し、表1に示したような結果を提示しています。高い経済成長が続き、世界の人口が21世紀半ばにピークに達した後減少し、新技術や高効率化技術が急速に導入される社会を想定したシナリオA1FIでは、21世紀末には現在より4℃（予測幅は2.4〜6.4℃）気温が上昇、また海面水位は0.26〜0.59m上昇すると予測されています。一方、世界人口の動向は上記と同様で、新たな気候変動対策は実施しないが、経済・社会・環境の持続可能性のための世界的対策に重点を置いたシナリオB1では、21世紀末の気温上昇は1.8℃、海面水位上昇は0.18〜0.38mとなり、影響が最も抑えられた予測となっています。

　文部科学省・気象庁・環境省は、日本を中心とした気候変動の現状と将来の予測、温暖化が及ぼす影響などに関する最新の科学的知見を整理し、2009年に温暖化の観測・予測および影響評価統合レポート「日本の気候変動とその影響」を発行しました。同レポートによれば、日本における過去100年の温度上昇は約1.1℃で、世界の平均上昇率0.74℃/100年を上回っています。また、表1に示した将来予測についても、シナリオB1、A1B、A2の21世紀末における世界平均の気温上昇が、各々1.8、2.8、3.4℃であるのに対し、日本では2.1、3.2、4.0℃となり、世界平均に比し日本の温暖化影響はより厳しくなると推定しています。気温上昇により日本で推定される主な影響を表2にまとめました。温暖化の影響は気温上昇や海面水位ばかりでなく、社会や経済、農業・食料、水資源、生態系、自然災害、健康など、きわめて広範囲に多大な影響を及ぼすことがわかります。

　これらの影響の一部については、すでに被害が現実のものとなっているものもあります。温暖化の影響を回復することは容易でなく、可能であっても回復には長い年月を要します。温暖化対策は、温暖化の進行を抑制する「緩和策」と、温暖化の影響を軽減する「適応策」に大別できますが、いずれにおいても、適切な対策を直ちに講じていく必要があります。

　メキシコで2010年に開催されたCOP16の「カンクン合意」では、気温上昇を2℃以内（$CO_2$排出量を2050年には2000年比で85%程度削減に相当）に抑えることを長期目標とし、すべての国が行動をとる必要があるとの合意を得ました。また、気候変動問題の経済影響に関する報告書「スターン・レビュー」では、

図1に示したように、行動を起こさない場合の被害損失は、今行動を起こした場合の対策コストより大きく、「温暖化対策においては、早期に行動することが経済的な影響を小さくする」と結論づけています。早期の地球温暖化対策が重要です。

表1　IPCCによる21世紀末の世界平均地上気温と海面水位の上昇予測

| シナリオ | おおよその$CO_2$濃度(ppm) | 気温上昇*(℃) 最良予測 | 可能性が高い予測幅 | 海面水位上昇* モデルによる予測幅(m) |
|---|---|---|---|---|
| 2000年の濃度で一定 | 369.4 | 0.6 | 0.3〜0.9 | 資料なし |
| B1：持続発展社会（環境保全、経済発展を両立） | 約600 | 1.8 | 1.1〜2.9 | 0.18〜0.38 |
| A1T：高成長社会（非化石エネルギー源重視） | 約700 | 2.4 | 1.4〜3.8 | 0.20〜0.45 |
| B2：地域共存社会（環境等地域的対策に重点） | 約800 | 2.4 | 1.4〜3.8 | 0.20〜0.43 |
| A1B：高成長社会（各エネルギー源組合せ） | 約850 | 2.8 | 1.7〜4.4 | 0.21〜0.48 |
| A2：多元化社会（地域経済発展が中心） | 約1250 | 3.4 | 2.0〜5.4 | 0.23〜0.51 |
| A1FI：高成長社会（化石エネルギー源重視） | 約1550 | 4.0 | 2.4〜6.4 | 0.26〜0.59 |

\* 1980-1999年を基準とした際の2090-2099年における基準値との差［IPCC第4次評価報告書より作成］

表2　気温上昇により予測される日本での影響　［レポート「日本の気候変動とその影響」より作成］

| 気温上昇 | 日本全国で予測される影響 | |
|---|---|---|
| 4.0℃ | ・真夏日日数が平均で41日増加<br>・米収量が平均で5%減少<br>・ブナ林の適域が68%減少<br>・熱ストレスによる死亡リスクが平均で3.7倍増加 | ・洪水はん濫面積が800km²増加（8.3兆円）<br>・高潮浸水人口が44万人<br>・浸水面積が207km²増加（7.4兆円）[西日本]<br>・松枯れ非危険域が51%新たに危険域に |
| 3.0℃ | ・真夏日日数が平均で18日増加<br>・桜の開花時期が平均で2週間早まる | ・リンゴの栽培不適地に変化[東北中部の平野や関東以南] |
| 2.0℃ | ・米収量が平均で3%増加<br>・砂浜が23%喪失<br>・熱ストレスによる死亡リスクが平均で2.2倍増加 | ・洪水はん濫面積が700km²増加（4.9兆円）<br>・高潮浸水人口が21万人<br>・浸水面積が102km²増加（3.5兆円）[西日本] |
| 1.0℃ | ・真夏日日数が平均で41日増加 | ・松枯れ非危険域が16%新たに危険域に |

There is still time to avoid the worst impacts of climate change, if we take strong action now.
（今行動を起こせば，気候変動の最悪の影響は避けることができる）

行動を起こさない場合の被害損失
少なくともGDPの5%
最悪の場合20%

大←コスト→小

今，行動を起こした場合の対策コスト
GDPの1%程度

気候変動に伴う農業，インフラ，工業生産などへの継続的影響（年間，世界総GDPベース）

温暖化対策においては，早期に行動することが経済的な影響を小さくする

図1　温暖化対策は早期の行動が経済的に有利　［スターン・レビューより作成］

# 【☕ ティータイム：$CO_2$ の重さって？】

　$CO_2$ はガスのため、$CO_2$ xx kg、xx 万 t、ましてや xx 億 t といわれても、その量を実感することができません。量を実感できないことが、$CO_2$ 削減を身近な問題として取り組めない一因となっているのかもしれません。

　いま、直径が 1 m の風船を考えてみましょう。この風船が $CO_2$ で満たされているとします。温度や圧力にもよりますが、10℃、1 気圧のとき、この風船の中の $CO_2$ の重さはちょうど 1.0 kg になります。直径が 10 m の風船であれば 1.0 t となります。

　ガソリンを 1 L 使用するとおよそ 2.3 kg の $CO_2$ を排出します。従って、$CO_2$ のみを風船に詰めたとすれば、直径が約 1.3 m の風船となります。

　風船の中身が空気の場合には、直径 1 m の風船に入っている空気の重さは 0.65 kg となりますが、空気中では同量の浮力を受けますので差引 0 となり、空気は重さを感じません（風船の重さを考えないこととします）。一方、直径 1 m の風船に入った $CO_2$ の重さは 1.0 kg ですが、空気から 0.65 kg に相当する浮力を受けるため、実質 0.35 kg となり、風船から手を離しますと床に落ちます。

　なお、風船に最も軽い水素が入っていますと、その重量はわずかに 0.05 kg で、浮力の 0.65 kg よりはるかに小さく、風船を手から離しますと上空に飛んで行ってしまいます。

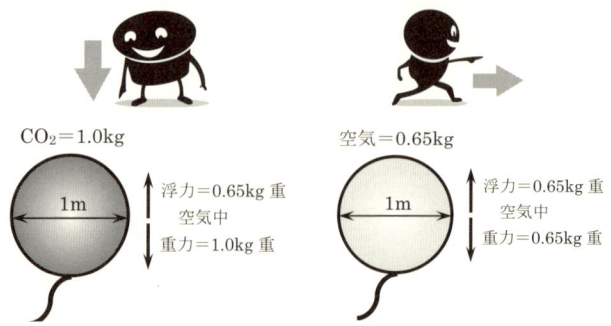

# 第2章

## $CO_2$排出量はどのように計算するのでしょうか？

## Q4 CO₂排出係数、CO₂排出原単位とは何でしょうか？

　化石燃料に代表されるように、燃料に炭素が含まれていると、燃焼により$CO_2$を排出します。電気は、使用しても$CO_2$を直接排出することはありませんが、発電に化石燃料を使用すれば$CO_2$を排出します。例えば、電気を1kWh使用したとか、重油を1kL燃焼したといったように、ある一定量のエネルギーを使用した場合に排出される$CO_2$の排出量を「$CO_2$排出係数」といいます。

　主な燃料の排出係数を表1に示しました。ただし、例えば燃料として用いる石炭（一般炭）は、年度により石炭種が変わることもあるため、これらの値は年度により若干異なる場合があります。毎年環境省より、各年度の排出係数が公表されています。一方、電力の排出係数については、$CO_2$を排出しない水力発電や原子力発電などの利用率や火力発電所に用いる燃料種などに大きく依存することから、電力会社により異なり、2009年度（2010年12月公表）の排出係数については、最も小さい関西電力の0.265から最も大きい沖縄電力の0.931 kg-$CO_2$/kWhまで3倍以上の違いがあります。また、同じ電力会社でも年度ごとに大きく変動します。電力の排出係数は年度や会社により異なるため、地域の$CO_2$排出量算定にも大きく影響し、他の要因による$CO_2$の排出量の変動が、電力の排出係数の変動に埋没してしまい、市民等の$CO_2$削減の努力が数値として表れないことも少なくありません。

**要点　排出係数と排出原単位**

1) $CO_2$排出係数：単位エネルギー量あたりの$CO_2$排出量。
2) $CO_2$排出原単位：製品1tの製造、1MWの電力発生など一定の活動に伴い排出される$CO_2$排出量、ただし、$CO_2$排出係数と表現している場合もある。

表1　各種燃料の$CO_2$排出係数

| 燃料の種類 | ① 単位発熱量 | ②単位発熱量あたりの炭素排出量 | ③ $CO_2$排出係数 単位燃料あたり$CO_2$排出量 |
|---|---|---|---|
| 電気 | (3.6 MJ/kWh) | (例：0.0286 kg-C/MJ) | 例：0.378 kg-$CO_2$/kWh |
| 一般炭 | 25.7 MJ/kg | 0.0247 kg-C/MJ | 2.33 kg-$CO_2$/kg |
| ガソリン | 34.6 MJ/L | 0.0183 kg-C/MJ | 2.32 kg-$CO_2$/L |
| 軽油 | 37.7 MJ/L | 0.0187 kg-C/MJ | 2.58 kg-$CO_2$/L |
| A重油 | 39.1 MJ/L | 0.0189 kg-C/MJ | 2.71 kg-$CO_2$/L |
| 都市ガス | 44.8 MJ/m³N | 0.0136 kg-C/MJ | 2.23 kg-$CO_2$/m³N |
| LPG | 50.8 MJ/kg | 0.0161 kg-C/MJ | 3.00 kg-$CO_2$/kg |

注）電力の排出係数は電力会社ごとに異なる、③＝①×②×(44/12)

なお、非エネルギー起源からの$CO_2$排出の場合には、対象となる排出活動ごとに単位生産量等あたりの排出量（排出係数）が算定されており、活動の単位と数値が一覧表として、上述した燃料の$CO_2$排出係数と同様に環境省より公表されています。

　一方「原単位」とは、「ある一定の活動を行うことに伴い発生するまたは必要なある量」を意味し、ある量の大小により影響の度合いや効率などを定量的に評価することができます。例えば、一定の活動を「車1台の製造」とし、ある量を「$CO_2$排出量」とすれば、車1台を生産する時に排出される$CO_2$量が「$CO_2$排出原単位」となります。一定の活動としては、生産など具体的な活動ばかりでなく、企業における生産量や国内総生産（GDP）、人口1人あたりなどさまざまな指標をとることができます。身近な活動例の$CO_2$排出原単位の概略値を表2に示しました。なお、ある量を「必要なエネルギー量」とすれば「エネルギー原単位」となります。エネルギー原単位の数値が小さいほど環境への負荷が小さく、環境に優しいことを意味します。温暖化対策の議論の中で「エネルギー原単位を指標に$CO_2$削減を図るべきである」との提言があります。この提言は$CO_2$を排出総量としてではなく、「$CO_2$排出原単位」として規制する考え方で、$CO_2$排出規制により経済発展が阻害されず、また発展途上国も納得できる削減方式であるとの主張です。一方、この指標に対しては、活動の総量が増えれば結果的にエネルギー使用量、$CO_2$排出量が増え、$CO_2$排出削減目標としては適切でないとの指摘もあります。

　排出係数や排出原単位を用いれば、以下の例のように$CO_2$排出量を簡単に計算することができます。

---

$CO_2$排出量の算定例：
1) 電気の使用量 5,200kWh の場合の$CO_2$排出量
 ＝使用量 5,200kWh × $CO_2$排出計数 0.378kg-$CO_2$/kWh ＝ 1,966kg-$CO_2$
2) トラックで10tの荷物を300km輸送した場合の$CO_2$排出量
 ＝荷物 10t ×輸送距離 300km × $CO_2$排出原単位 0.15kg-$CO_2$/(t·km)
 ＝ 450kg-$CO_2$

---

表2　$CO_2$排出原単位　[環境省、国土交通省データより作成]

| 一定の活動 | $CO_2$排出原単位 |
|---|---|
| 水1$m^3$の使用 | 580g-$CO_2$/$m^3$ |
| アルミ缶1個（ライフサイクル） | 170g-$CO_2$/個 |
| ペットボトル1個（同上） | 70g-$CO_2$/個 |
| 牛乳パック1個（同上） | 160g-$CO_2$/個 |
| 鉄道、飛行機による人の輸送 | 各18g-$CO_2$/(人·km)、111g-$CO_2$/(人·km) |
| 鉄道、トラックによる物の輸送 | 各20g-$CO_2$/(t·km)、150g-$CO_2$/(t·km) |
| 1kWhの電力の発電（一例） | 378g-$CO_2$/kWh（年度、電力会社により変動） |

## Q5 燃料の $CO_2$ 排出係数を計算してみませんか？

ここでは、ガソリン1Lと都市ガス$1m^3_N$の$CO_2$排出係数を求めてみましょう。Q4の表1によれば、ガソリン1L、都市ガス$1m^3_N$の$CO_2$の排出係数は各$2.32 kg\text{-}CO_2/L$、$2.23 kg\text{-}CO_2/m^3_N$です。

最初に、計算にあたり必要な基礎的事項を表1に整理しました。分子量は、物質を構成する元素の原子量の総和です。分子量と物質量、気体の体積の関係を要点1に記しました。

### 要点1 分子量、物質量、気体の体積の関係

分子量にkgをつけた物質量を1kmol（モル）という。そして、気体の場合、1kmolの体積は常に$22.4m^3_N$となる。なお、気体は温度、圧力により体積が変化するため、0℃、1気圧の標準状態で表すこととし、$m^3$にNをつけ、$m^3_N$（あるいは$Nm^3$）と表す。例えば$CO_2$の場合、$1 kmol = 44 kg\text{-}CO_2 = 22.4 m^3_N$となる。

次に、ガソリンと都市ガスの性状を調べる必要があります。性状の概略値は表2のようになりました。

それでは、ガソリンの排出係数を計算してみましょう。

1) 表2より、ガソリンの密度を750g/L、ガソリンの炭素含有率（重量比）を85.7%とします。
2) ガソリン1L中の炭素の質量は？
→ 750［g-ガソリン/L-ガソリン］×0.857［g-C/g-ガソリン］= 643［g-C/L-ガソリン］
3) 要点2の1)より、炭素12kgから$CO_2$は44kg生成する。ガソリン1Lからは？→ 643［g-C/L］×(44/12)［g-$CO_2$/g-C］= 2360［g-$CO_2$/L］→ 2.36［kg-$CO_2$/L］

となり、Q4表1の$2.32 kg\text{-}CO_2/L$と同様な排出係数が得られます。なお、用いるガソリンの密度や炭素含有率の値により、排出係数は変わってきます。

次に、都市ガスについて同様に計算してみましょう。

1) 表2より都市ガスの組成をメタン$CH_4$ 89%、エタン$C_2H_6$ 6%、プロパン$C_3H_6$ 5%とします。
2) $CH_4$、$C_2H_6$についても要点2の2)と同様な燃焼式を書きますと、

$CH_4 + 2O_2 \rightarrow CO_2 + 2H_2O$　　$C_2H_6 + (7/2)O_2 \rightarrow 2CO_2 + 3H_2O$
$1m^3_N$　$2m^3_N$　　$1m^3_N$　$2m^3_N$　　$1m^3_N$　$3.5m^3_N$　　$2m^3_N$　$3m^3_N$

となります。すなわち、$1m^3_N$の$CH_4$からは$1m^3_N$、$C_2H_6$からは$2m^3_N$、

$C_3H_8$ からは $3m^3_N$ の $CO_2$ が発生します。
3) 都市ガス $1m^3_N$ からの $CO_2$ 排出量は？
→ $1m^3_N$-$CO_2$/$1m^3_N$-$CH_4$ × 0.89 + $2m^3_N$-$CO_2$/$1m^3_N$-$C_2H_6$ × 0.06 + $3m^3_N$-$CO_2$/$1m^3_N$-$C_3H_8$ × 0.05 = $1.16 m^3_N$-$CO_2$/$1m^3_N$- 都市ガス
4) 都市ガス $1m^3_N$ の排出係数は？
→ $1.16 m^3_N$-$CO_2$ は、要点1より、
$1.16 [m^3_N$-$CO_2] \times (44/22.4) [kg$-$CO_2/m^3_N$-$CO_2] = 2.28 kg$-$CO_2$
となり、Q4表1の $2.23 kg$-$CO_2/1m^3_N$ と同様な排出係数が得られます。なお、用いる都市ガスの主成分の混合比により、排出係数は若干変わってきます。

### 要点2　エネルギー起源 $CO_2$ の発生

1) 液体・固体燃料中の炭素 C の燃焼に伴う $CO_2$ の発生は、
　　C 　　+ 　　$O_2$ 　　→ 　　$CO_2$ 　　+ 　　394 MJ/12kg-C
　12 kg　　32 kg（$22.4 m^3_N$）　　44 kg（$22.4 m^3_N$）

すなわち、1 kmol の炭素（12 kg）を燃焼させるためには、32 kg（$22.4 m^3_N$）の酸素が必要で、その時 44 kg（$22.4 m^3_N$）の $CO_2$ と 394 MJ の熱を発生します。

2) 気体燃料の燃焼に伴う $CO_2$ の発生、プロパン $C_3H_8$ を例として、
　　$C_3H_8$ 　+ 　$5O_2$ 　→ 　$3CO_2$ 　+ 　$4H_2O$ 　+ 　99.1 MJ/$1m^3_N$-$C_3H_8$
　　$1m^3_N$　　$5m^3_N$　　　　$3m^3_N$　　　$4m^3_N$

反応式をつくる場合、最初にCおよびHの数が左辺と右辺で各々同じになるように係数（ここでは3と4）を決め、右辺の酸素の数が決まった後、左辺の酸素の数が右辺と同じになるように係数（5）を決めます。

反応、生成物質の量は、物質量すなわち体積に比例しますので、係数は体積比になります。すなわち、$1m^3_N$ の $C_3H_8$ を燃焼させるためには、$5m^3_N$ の酸素が必要で、その時 $3m^3_N$ の $CO_2$ と $4m^3_N$ の $H_2O$、99.1 MJ の熱を発生します。

表1　計算に必要な基礎的事項

| 元素・元素記号と原子量 | 炭素 C = 12、水素 H = 1、酸素 O = 16 |
|---|---|
| 物質、化学式、分子量 | 二酸化炭素 $CO_2$ = 12 + 16 × 2 = 44、<br>水（水蒸気）$H_2O$ = 1 × 2 + 16 = 18、酸素 $O_2$ = 16 × 2 = 32 |

表2　ガソリンと都市ガスの性状

| 燃料 | | 性状 | 計算で用いた値 |
|---|---|---|---|
| ガソリン | 密度 | 783g/L 以下で、通常 720～760g/L | 750g/L |
| | 炭素含有率 | 組成を $(C_1H_2)_n$ とすればCの比率は、12/14 = 0.857 → 85.7% | 85.7% |
| 都市ガス 13A | 主成分 | メタン $CH_4$ 87～90% | 89% |
| | | エタン $C_2H_6$ 5～6% | 6% |
| | | プロパン $C_3H_8$ 3～5% | 5% |
| | | その他　1～2% | 0% |

## Q6 京都議定書で求められる日本の温室効果ガス排出量は誰が決めているのですか？

　まず、注意しておかなければいけない点として、京都議定書の温室効果ガス排出量を計算するときには、大気中の $CO_2$ 濃度を計測して計算するのではなく、統計データを用いて計算している点が挙げられます。日本においては、関係省庁や関係団体が公表している統計データなどを利用して、温室効果ガス排出量が計算されています。

　京都議定書に基づく国際的なルールは、毎年開催されている気候変動枠組条約の締約国会議（COP）において決められています。

　日本においては、図1に示したように、環境省が京都議定書の温室効果ガス排出・吸収量に係る全般的な責任を負っており、国立環境研究所 地球環境研究センター 温室効果ガスインベントリオフィス（GIO）が実質的な温室効果ガス排出・吸収量の算定を行っています。そして、毎年4月に環境省とGIOが共同で各年の温室効果ガス排出量の数値を公表しています（2011年4月は2009年度排出量を公表）。さらに、これらの数値をまとめた「共通報告様式（CRF）」とその算定方法などを文書化した「日本国温室効果ガスインベントリ報告書（NIR）」は公式な日本の温室効果ガスインベントリ（温室効果ガス排出吸収目録）として、政府（外務省）を通して国連気候変動枠組条約（UNFCCC）の事務局に提出されます。

　一般的な温室効果ガス排出量の算定方法は、図2に示したIPCCガイドラインと呼ばれる報告書に示されており、各国で共通したものを使用しています。しかし、詳細なデータなどが存在する場合には、国独自の高度な算定を取り入れることもできるよう設計されており、モデルなどを利用して、より現実に近い値を算出することも可能となっています。

### 要点

1) 京都議定書により、日本をはじめとした対象国は、毎年温室効果ガス排出量を算定し、国連気候変動枠組条約事務局に報告しなければならない。
2) 温室効果ガス排出量の算定においては、IPCCガイドラインに示された算定方法をもとに、温室効果ガス排出量算定方法検討会で決定した方法に基づき、関係省庁などの統計データなどを用いて算定されている。
3) わが国では、環境省と国立環境研究所 温室効果ガスインベントリオフィス（GIO）が中心となり、温室効果ガス排出・吸収量を計算し公表している。

なお、わが国のこれらの算定方法については、環境省が開催する「温室効果ガス排出量算定方法検討会」において検討され、算定方法を決定しています。この算定方法検討会は分野別の検討課題を検討する、①エネルギー・工業プロセス分科会、②農業分科会、③廃棄物分科会、④森林等の吸収源分科会、⑤HFC等3ガス分科会、⑥運輸分科会の6つの分科会と分野横断的事項を検討する1つのワーキンググループが設けられており、各分野の研究者や業界団体などの専門家が委員として参画し、それぞれの排出吸収源の算定方法・排出係数・活動量などの妥当性の検討などを行っています。

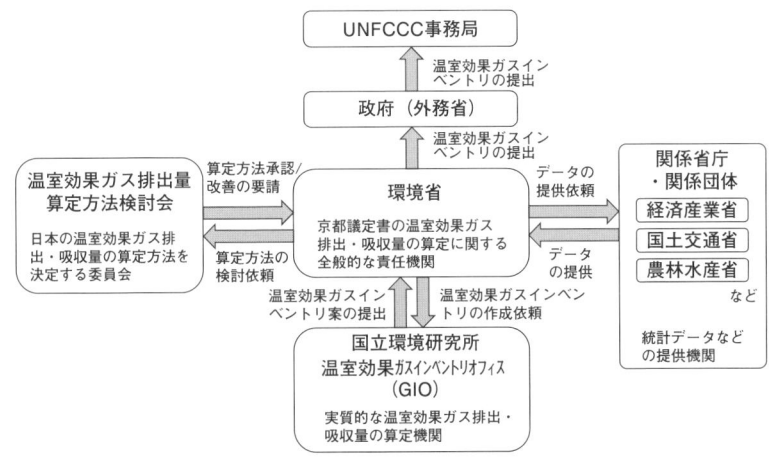

図1　日本の温室効果ガス排出量の作成体制

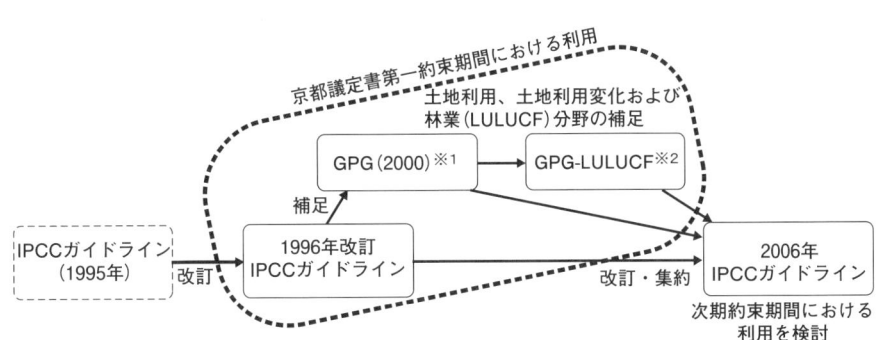

※1：温室効果ガスインベントリにおけるグッドプラクティスガイダンスおよび不確実性管理報告書
※2：土地利用、土地利用変化および林業に関するIPCCグッドプラクティスガイダンス

図2　IPCCガイドラインの変遷

## Q7 日本の温室効果ガスはどこから排出されていますか？

　京都議定書で温室効果ガスとして指定されているガスには、$CO_2$（二酸化炭素）、$CH_4$（メタン）、$N_2O$（一酸化二窒素）、HFCs（ハイドロフルオロカーボン類）、PFCs（パーフルオロカーボン類）、$SF_6$（六フッ化硫黄）の6種類があります。これらのうちHFCs、PFCs、$SF_6$はまとめてFガス類と呼ばれています。

　日本における温室効果ガスの主な排出源を表1にまとめました。これらの排出源は一般に、エネルギー、工業プロセス、農業、廃棄物の4つの分野に分けられます。ただし、場合によっては、土地利用・土地利用変化および林業分野の排出源も加えることがあります。

　$CO_2$の排出源としては、石炭、石油、天然ガスなどの化石燃料の燃焼による排出が最も大きく、日本ではこの化石燃料の燃焼による$CO_2$排出が温室効果ガス総排出量の約90％を占めています（計算方法はQ8、排出量の詳細はQ17参照）。燃焼以外の$CO_2$排出源としては、図1にみられるようにセメント生産に代表される炭酸カルシウム、いわゆる石灰石などの炭酸塩の化学反応による$CO_2$排出があります。また、廃棄物分野ではプラスチックなどの化石燃料由来の廃棄物の焼却に伴う$CO_2$排出があります。

　$CH_4$は、主に廃棄物の埋立地や水田などの酸素が少ない嫌気的条件下において微生物活動により生成されます。また、牛などの反すう動物のげっぷ（消化管内発酵）で生成されるほか、燃料の燃焼や廃棄物の焼却など物の燃焼時に未燃焼

表1　日本における温室効果ガス排出の主な排出源

| 分野 | $CO_2$ | $CH_4$ | $N_2O$ | Fガス（HFCs, PFCs, $SF_6$） |
|---|---|---|---|---|
| エネルギー | 燃料の燃焼 | 燃料からの漏出、燃料の燃焼 | 燃料の燃焼 | |
| 工業プロセス | セメント生産、石灰製造 | 化学産業 | 化学産業、麻酔 | 半導体、冷媒（冷蔵機器、エアコン）、溶剤 |
| 農業 | | 消化管内発酵、稲作、家畜排せつ物処理 | 農用地土壌、家畜排せつ物処理 | |
| 廃棄物 | 廃棄物焼却 | 廃棄物埋立、排気処理、廃棄物焼却 | 排水処理、廃棄物焼却 | |

物質として生成される $CH_4$ があります。また、$CH_4$ は天然ガスや都市ガスの主成分であるので、天然ガスや都市ガスの漏出も $CH_4$ の排出源の1つとなっています。

$N_2O$ は微生物による生物化学的反応や工業プロセスなどの化学的反応により発生します。土壌中では図2に示すように、有機物質中の窒素が分解してできたアンモニアが、酸化して亜硝酸、硝酸へと生化学的に反応していく過程（硝化過程）、硝酸が生化学的な還元反応により窒素ガスへ変化していく過程（脱窒過程）で、微生物反応により発生します。また $N_2O$ は、燃料の燃焼や廃棄物の焼却など物の燃焼、麻酔としての笑気ガス（$N_2O$）の使用、6,6-ナイロンの原料であるアジピン酸の製造、硝酸の製造など、微生物を介さない化学的反応過程からも排出されます。

Fガス類（HFCs、PFCs、$SF_6$）は、化学的にも熱的にも安定であることから、電気絶縁物質、洗浄剤、冷媒などとしてさまざまな工業プロセスで使用されており、それらの製造・使用・廃棄の段階で排出されます。なお、日本国内のFガス類の排出量は減少傾向ですが、冷蔵庫やエアコンの冷媒用途に使用されているHFCsに関しては、オゾン層破壊物質であるフロンの代替物質として利用されており、近年その排出量が増加しています。

$$CaCO_3 \text{（石灰石）} \rightarrow CaO + CO_2 \uparrow$$
$$(MgCO_3 \rightarrow MgO + CO_2 \uparrow)$$

図1　セメント生産などからの $CO_2$ の排出

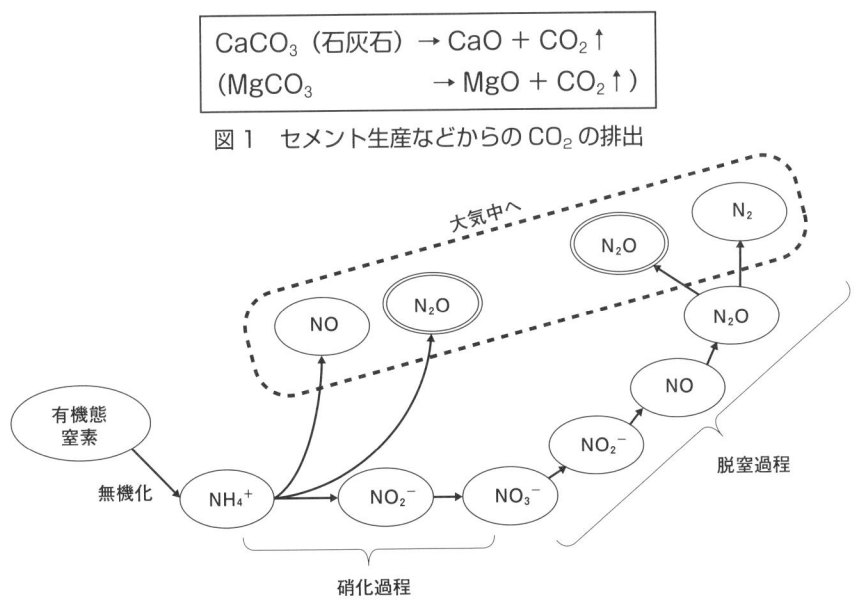

図2　土壌中における $N_2O$ の発生

## Q8 $CO_2$ 排出量はどのように計算するのでしょうか？

　ここでは燃料の燃焼に伴う $CO_2$ 排出量の計算方法を中心に説明します。
　Q6で、$CO_2$ 排出量の計算には大気中の $CO_2$ 濃度の値を使用するのではなく、統計データを用いて計算していると述べましたが、石油、石炭、天然ガスなどの化石燃料の燃焼により排出される $CO_2$ 量は、資源エネルギー庁から公表されている「総合エネルギー統計」の中の「エネルギーバランス表」と呼ばれる統計データを用いて計算しています。
　この総合エネルギー統計は、どんなエネルギーがどこでどれだけ生産・消費されたかがわかる表です。例えば、「国内で生産された天然ガスが火力発電所でどれくらい消費され、そこで生産された電力が家庭でどれくらい消費された」、「輸入した石油はどれくらいで、その石油が精製され、どれくらいガソリンなどに転換され、ガソリンは自動車の燃料としてどれくらい消費された」といったようなことが数値情報としてとりまとめられ、国内全体の収支が合うようエネルギーのバランスがとれた表になっています。図1はエネルギーバランス表を模式的に示した図です。原油が石油精製でガソリン、灯油、軽油、重油などに転換され、一部は発電所で消費されたのち、産業、運輸、家庭といった最終エネルギー消費部門で消費されている割合が表されています。一方、$CO_2$ 排出量の計算の流れは図2に示したようになります。総合エネルギー統計では、まず個々のエネルギーの単位、例えば石油ならリットル（L）で表され、熱量としてのジュールに換算されて表されています。この熱量をさらに炭素に換算し、最後に $CO_2$ に換算して排出量を計算します。これらの換算の際には、個々のエネルギー源は、固有の熱量や原単位と呼ばれる熱量あたりの炭素含有量が決められているので、これらの換算値を用いて計算します。例えば、ガソリンを100L消費した場合、100（L）×ガソリンの熱量 34.6（MJ/L）×原単位 0.0183（kg-C/MJ）×炭素から $CO_2$ への換算値 44/12（$CO_2$/C）= 232（kg-$CO_2$）となり、$CO_2$ 排出量は 232 kg-$CO_2$ となります。
　では、日本の $CO_2$ 総排出量を計算する場合、電力による $CO_2$ 排出量はどのように計算するのでしょうか？　日本の総排出量を計算する場合、燃料を燃焼したところで $CO_2$ が排出されるので、いったん、発電所ですべての $CO_2$ が排出されると計算しています。家庭や産業などの部門別の $CO_2$ 排出量を計算する場合は、この $CO_2$ 排出量を供給する電力量で割ることにより、電力消費量あたりの $CO_2$ 排出量を計算した後、消費電力量に応じて電気配分した $CO_2$ 排出量を家庭や産業などの各部門に振り分けています。これを電気熱配分後の排出量と呼

んでおり、国内ではこの数値で公表しています。

さらに、「石油からつくられたプラスチック類はどうなるの？」という疑問があります。プラスチック類など燃料以外の化学原料として利用される化石燃料は、エネルギーバランス表の燃料利用から差し引かれ、その時点では$CO_2$の排出源とはなりません。プラスチック類は廃棄され燃やされるときにはじめて$CO_2$が排出されるものとして計算します。そのため、$CO_2$排出量の計算には廃棄物関係の統計データも必要となります。

そのほかに、セメント生産時など工業プロセスの分野でも$CO_2$が発生するので、セメント生産に関する統計データなども$CO_2$排出量を計算する際に必要となります。なお、総合エネルギー統計は資源エネルギー庁のホームページ(http://www.enecho.meti.go.jp/info/statistics/jukyu/index.htm) に掲載されていますので、誰でも自由に利用することができます。

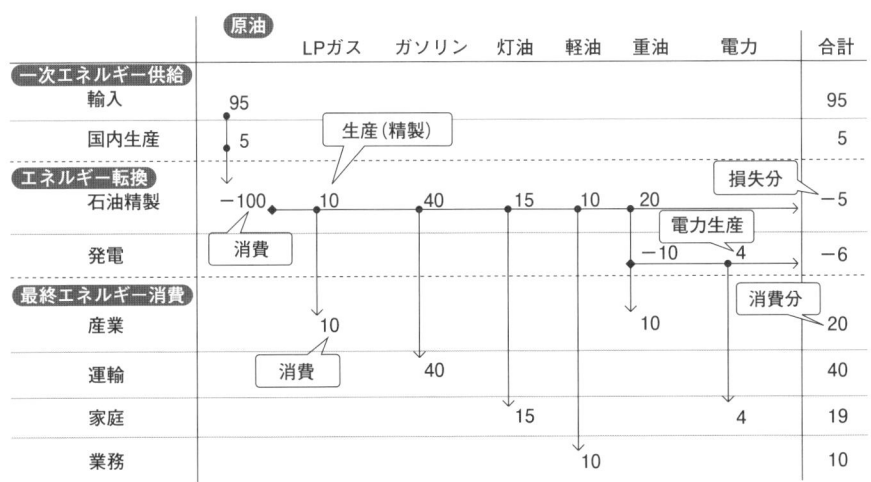

図1 エネルギーバランス表の模式図

注）輸入量、生産量およびエネルギー転換における生成エネルギー（電力など）はプラスで表現され、輸出量およびエネルギー転換における消費量はマイナスで表現される。また、最終エネルギー消費の消費量はプラスで表現される。

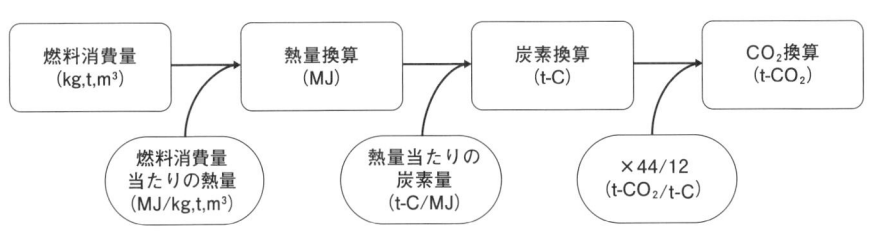

図2 燃料の燃焼による$CO_2$排出量の計算の流れ

## Q9 $CO_2$以外の温室効果ガスの排出量はどのように計算するのでしょうか？

　$CO_2$以外の温室効果ガスとして指定されている$CH_4$、$N_2O$、HFCs、PFCs、$SF_6$も$CO_2$と同様に統計データを用いて計算します。その計算方式を簡単に示すと図1のようになります。統計データなどで示された「活動量」に「排出係数」をかけることにより各温室効果ガスからの排出量を計算できます。しかしながら、上記6ガスの温暖化に及ぼす影響度合が異なることから、その度合いを表すガスの種類ごとに決められた「地球温暖化係数（GWP）」をかけることにより$CO_2$換算値として求めます。

　Q6で簡単に述べましたが、一般的な$CO_2$排出量の計算方法は、IPCCが作成した「IPCCガイドライン」に示されており、その計算方法がベースとなっています。活動量は関係省庁や関係団体が公表している統計データを用いています。

　排出係数とは、単位活動量あたりの温室効果ガス排出量を表すものであり、例えば、牛1頭が1年間にげっぷで発生させる$CH_4$量はkg-$CH_4$/(頭・年)などのように表されます。この排出係数は、工場など工業プロセスについては実測値を、また農業分野や廃棄物分野からの$CH_4$、$N_2O$については、国内の研究成果などをもとにした値を用いています。例えば、稲作の水田からの$CH_4$排出量については、全国の農業試験場や大学の研究施設など、さまざまな水稲栽培の圃場で行われたモニタリングの結果をもとに、研究成果としてまとめられおり、排出係数が決定されています。また、国内に適当な値がない場合は、IPCCガイドラインで提示されている値を使用しています。

　地球温暖化係数のGWP値は、ある一定期間に及ぼす地球温暖化の影響を、$CO_2$の影響を1としたときの相対値として表したもので、表1に示したように$CH_4$は21、$N_2O$は310などとなります。すなわち、1tの$CH_4$は21tの$CO_2$と同等の温室効果をもっていることを意味します。なお、表1でHFCsやPFCsのGWP値は、それぞれ「140～11,700」、「6,500～9,200」と記載していますが、これはHFCs、PFCsには多数の物質があり、物質ごとに異なるGWPをもっているためです。GWPをかけて$CO_2$に換算された排出量は一般に「$CO_2$換算」と表記されます。

　図2は水稲による$CH_4$の排出量（$CO_2$換算）の算出方法を簡単に示した例です。

農林水産省の「耕地及び作付面積統計」に示された「水稲作付面積」、すなわち活動量に、稲作からの $CH_4$ 排出に関する研究成果をもとに、算定方法検討会で決定した排出係数である「面積あたりの $CH_4$ 排出量」をかけて、さらに、$CH_4$ の GWP である 21 をかけることにより、$CO_2$ 換算値としての排出量が計算されます。

Fガス類の HFCs、PFCs、$SF_6$ は経済産業省が設置している産業構造審議会化学・バイオ部会　地球温暖化防止対策小委員会でとりまとめられており、算定はそれぞれのガスのさまざまな用途における製造時、使用時、廃棄時に分けて計算しています。例えば、冷媒で使用される HFC の場合、製造時の排出量は製造時 HFC 充填総量に製造時漏えい率をかけて、さらにガス別の GWP をかけることにより計算されていますが、使用時、廃棄時はこれとは別の活動量、排出係数をそれぞれ用いて、算出しています。

なお、各国の温室効果ガス排出量の算定方法については、それぞれの国の「温室効果ガスインベントリ報告書（NIR）」にまとめられています。

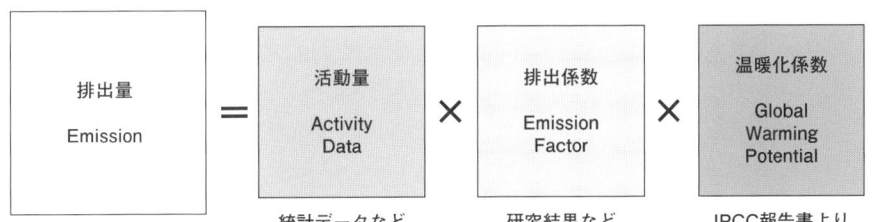

図1　温室効果ガス排出量の算定方法の概要

表1　京都議定書第一約束期間に使用する地球温暖化係数（GWP）

| | |
|---|---|
| $CO_2$ | 1 |
| $CH_4$ | 21 |
| $N_2O$ | 310 |
| HFCs | 140〜11,700 |
| PFCs | 6,500〜9,200 |
| $SF_6$ | 23,900 |

[IPCC 第2次評価報告書の100年間の影響値]

水稲による $CH_4$ の排出量 [t-$CO_2$ 換算]
　＝水稲作付面積（活動量）[ha] × 面積あたりの $CH_4$ 排出量（排出係数）[t-$CH_4$/ha] × $CH_4$ の地球温暖化係数 [t-$CO_2$ 換算/t-$CH_4$]

図2　水稲による $CH_4$ 排出量の計算例

## Q10 CO₂の吸収源とは何ですか、またその量はどれくらいですか？

　大気中に $CO_2$ を排出する火力発電所などを $CO_2$ の排出源（Source）と呼びます。同様に、$CO_2$ を吸収し大気中の $CO_2$ を減らす森林などを吸収源（Sink）と呼びます。

　森林は光合成により $CO_2$ を吸収して、有機物として炭素を蓄積しています。森林に蓄積されている炭素は、図1に示したように樹木の幹、枝葉、根のような「生体バイオマス」として存在しているだけではなく、リターと呼ばれる「落葉落枝」、「枯死木」、「土壌バイオマス」などとしても存在しています。なお、森林に限った話ではありませんが、地球上で土壌に蓄えられている炭素量は、地球上で植物が蓄えている炭素量よりも多く、土壌では植物の約3倍の炭素を蓄積しているとの報告もあります。

　森林のほかには、農地や放牧地も植物により $CO_2$ を吸収し、それらが土壌に有機物として蓄積することにより炭素を蓄積することができるため、吸収源になります。ただし、森林を伐採し住宅地などに開発すると、蓄積していた有機物を微生物が分解して $CO_2$ を排出するため、排出源となります。これらは土地利用や土地利用変化による $CO_2$ の排出・吸収量として扱われます。

　IPCC第4次評価報告書によれば、地球上では毎年72億t-C、すなわち約264億tの $CO_2$ が排出され、一方、陸域の森林などにより9億t-C、約33億tの $CO_2$ が吸収、また海洋で22億t-C、約80億tの $CO_2$ が吸収されていると報告されています。

　京都議定書の第一約束期間である2008～2012年の $CO_2$ 排出量算定では、管理された森林等の吸収源による $CO_2$ の吸収量を計算に入れることができる仕組みになっており、表1に示したような項目が対象となっています。日本は京都議定書3条3で必須項目となっている新規植林、再植林、森林減少のほか、3条4で選択項目となっている森林経営と植生回復の項目を選択しています。また、$CO_2$ 排出量削減を割り当てられた各附属書I国は、森林吸収源での吸収量の上限が定められており、日本については1年あたり $CO_2$ 換算で4,770万t（炭素換算で1,300万t）までの吸収量が認められています。これは基準年排出量の3.8％分に相当し、3条3の新規植林、再植林、森林減少および3条4の森林経営分が対象となっています。

　2009年度の3条3の新規植林、再植林、森林減少および3条4の森林経営

による純吸収量は 4,630 万 t-$CO_2$ であり、森林吸収量の上限の 4,770 万 t-$CO_2$ まではさらに 140 万 t-$CO_2$ 程度の対策が必要となっています。なお、森林吸収源の 4,340 万 t-$CO_2$ と別途計上可能な植生回復の 70 万 t-$CO_2$ を併せた 4,700 万 t-$CO_2$ が、2009 年度の森林等吸収源活動による吸収量となっています。

なお、国内の森林吸収源対策としては、国産材の需要量を増加させることが重要です。国内では伐採して木材として利用可能となる 50 年生以上のスギ、ヒノキ、カラマツなどの人工林が増加しています。しかし、安価な外国産材に押され、日本の林業は採算性の悪化などで長期的に停滞している状況です。国産材の消費低迷は、国内の森林産業を衰退させ、間伐などが行き届かず、森林のもつ $CO_2$ 吸収量を低下させます。また、伐採した木材を住宅建材などとして利用することにより、長期的に生活圏に木材炭素を蓄積し、大気への $CO_2$ 排出量を抑えることができます。

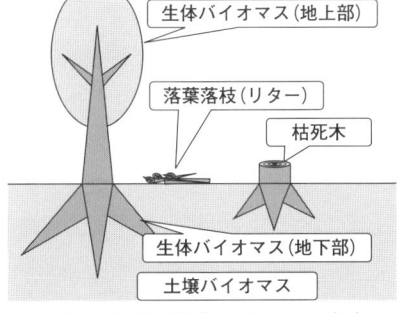

図1　森林に蓄積されている炭素

表1　京都議定書の第一約束期間における日本の森林等吸収源活動

| 京都議定書の条項 | 項目 | 概要 | 選択状況 | 2009 年の排出量・吸収量 | 京都議定書における取り扱い |
|---|---|---|---|---|---|
| 3条3 | 新規植林 | 1990 年以降に他の土地利用から転用され、植林された森林 | 必須 | 吸収量 40 万 t-$CO_2$ | 吸収量上限が 4,770 万 t-$CO_2$ (1,300 万 t-C) |
| | 再植林 | 森林から一旦、他の土地利用を経て、1990 年以降再転用され、植林された森林 | 必須 | | |
| | 森林減少 | 1990 年以降に森林から他の土地利用に転用した際の排出量 | 必須 | 排出量 310 万 t-$CO_2$ | 2009 年は計 4,630 万 t-$CO_2$ の吸収 |
| | 森林経営 | 1990 年以降に持続可能な森林経営が行われている森林 | 選択 | 吸収量 4,900 万 t-$CO_2$ | |
| 3条4 | 植生回復 | 1990 年以降の森林以外の土地利用の植林地（都市公園など） | 選択 | 吸収量 70 万 t-$CO_2$ | 別途計上 |
| | 農地管理 | 管理された農地における吸収量 | 非選択 | — | — |
| | 放牧地管理 | 管理された放牧地における吸収量 | 非選択 | — | — |

[国立環境研究所　GIO「NIR」より作成]

## Q11 都道府県単位の $CO_2$ 排出量はどのように計算するのでしょうか？

地球温暖化対策を効果的に推進する上で、$CO_2$ 排出量の実態を把握することは重要です。また、地球温暖化対策の推進に関する法律では、都道府県は地域から排出される温室効果ガスの量を公表しなければならないとされているため、$CO_2$ 排出量を計算することが必要となっています。

しかしながら $CO_2$ はさまざまな活動から排出されるため、そのすべての排出地点で $CO_2$ 濃度を測定することは不可能です。このため、$CO_2$ を排出する活動に着目し、どのくらいの規模で活動が行われたのか、その活動はどの程度 $CO_2$ を排出するのかについて関係する情報を集めて推計することになります。

> **要点**
> （都道府県単位の $CO_2$ 排出量）
> ＝Σ｛（$CO_2$ を排出する活動量）×（活動に対する $CO_2$ 排出係数[※]）｝
> ※排出係数：活動量あたりの排出量

$CO_2$ を排出する活動は、図1に示したように、大きくは2通りに分けられます。1つは、エネルギーを得るために行う燃料の燃焼であり、もう1つは、工業プロセスなどの事業活動です。このうちおよそ90％の $CO_2$ は、エネルギーを得るために燃料を燃焼することにより排出されています。

燃料の燃焼に伴う $CO_2$ 排出量の推計は、まず燃料および電力の消費量に関するデータを集めることから始めます。燃料は、同じ量を燃焼させてもその種類によって $CO_2$ 排出量が異なるため、燃料の種類ごとに燃料の消費量に関するデー

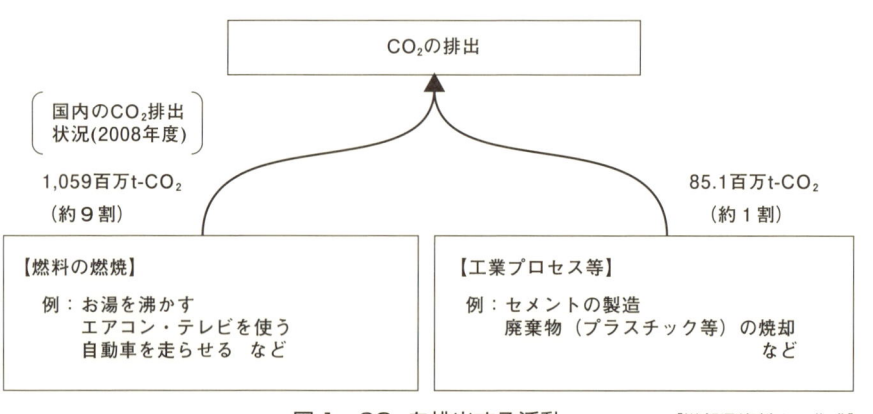

図1　$CO_2$ を排出する活動　　　［滋賀県資料より作成］

タを集計していきます。排出係数は表1に例示（詳細についてはQ5参照）したように、燃料ごとに求められデータとして整理されていますので、先に集計した燃料ごとの消費量とこれらの排出係数を掛け合わせることにより、燃料の燃焼による$CO_2$排出量を推計します。

燃料の消費量は、産業部門や業務部門、運輸部門、家庭部門といった部門ごとに都道府県別の統計データが入手できる場合と全国集計値しか入手できない場合があります。全国集計値しか入手できない場合は、人口など燃料消費に関連する他の統計データで得られる全国と都道府県の比率から類推します。

また、場合によっては、燃料の消費量に関連する統計データが複数存在することもあります。例えば、自動車の走行に伴う燃料消費量は、走行量に燃費をかけて推計しますが、走行量に関する調査は2つあります。道路での実態観測を基に交通量を調査した「道路交通センサス」と、自動車の平均走行量と保有台数を調査した「自動車輸送統計調査」です。それぞれの調査には特徴があり、前者は渋滞解消などによる取り組みの効果がわかる情報ですが数年おきにしか実施されていません。後者は、実際には推計を行っている地域外で自動車が走行している可能性がある情報ですが、自動車への依存状況がわかり、毎年調査されています。どちらを使うのかは、推計結果からどういった評価をするのかに応じて選択されています。例えば滋賀県では、毎年の変化を細かく評価したいので後者を用いた推計を行っています。

この推計の中で、電気の取り扱いには、注意が必要です。電気そのものは、使用している場所で$CO_2$を排出しません。実際は、使用場所から遠く離れた火力発電所で燃料を燃焼することで$CO_2$が排出されています。しかし、火力発電所で燃焼する燃料の量を削減するためには、電気の使用量を削減することが必要となってきます。このため、対策と効果を関連づけて把握するために、電気については、使用場所で$CO_2$を排出していると"みなす"ことで推計することにしています。

表1　燃料の使用に関する$CO_2$排出係数

| 区分 | 単位 | 値 | 区分 | 単位 | 値 |
|---|---|---|---|---|---|
| 原料炭 | $t$-$CO_2$/$t$ | 2.61 | 灯油 | $t$-$CO_2$/$kL$ | 2.49 |
| 一般炭 | $t$-$CO_2$/$t$ | 2.33 | 軽油 | $t$-$CO_2$/$kL$ | 2.58 |
| 無煙炭 | $t$-$CO_2$/$t$ | 2.52 | A重油 | $t$-$CO_2$/$kL$ | 2.71 |
| コークス | $t$-$CO_2$/$t$ | 3.17 | B・C重油 | $t$-$CO_2$/$kL$ | 3.00 |
| 石油コークス | $t$-$CO_2$/$t$ | 2.78 | 液化石油ガス（LPG） | $t$-$CO_2$/$t$ | 3.00 |
| コールタール | $t$-$CO_2$/$t$ | 2.86 | 石油系炭化水素ガス | $t$-$CO_2$/$1,000 m^3_N$ | 2.34 |
| 石油アスファルト | $t$-$CO_2$/$t$ | 3.12 | 液化天然ガス（LNG） | $t$-$CO_2$/$t$ | 2.70 |
| コンデンセート(NGL) | $t$-$CO_2$/$kL$ | 2.38 | 天然ガス（LNGを除く） | $t$-$CO_2$/$1,000 m^3_N$ | 2.22 |
| 原油(NGLを除く) | $t$-$CO_2$/$kL$ | 2.62 | コークス炉ガス | $t$-$CO_2$/$1,000 m^3_N$ | 0.85 |
| ガソリン | $t$-$CO_2$/$kL$ | 2.32 | 高炉ガス | $t$-$CO_2$/$1,000 m^3_N$ | 0.33 |
| ナフサ | $t$-$CO_2$/$kL$ | 2.24 | 転炉ガス | $t$-$CO_2$/$1,000 m^3_N$ | 1.18 |
| ジェット燃料油 | $t$-$CO_2$/$kL$ | 2.46 | 都市ガス | $t$-$CO_2$/$1,000 m^3_N$ | 2.23 |

[「温室効果ガス排出量算定・報告マニュアル」より作成]

## Q12 市町村単位の $CO_2$ 排出量はどのように計算するのでしょうか？

　市町村単位の $CO_2$ 排出量は、国、都道府県単位と同様に、域内で行われた活動ごとの活動量に、活動量あたりの排出量を乗じて計算します。
　市町村単位のエネルギー起源 $CO_2$ 排出量を計算する場合、この活動量には、当該市町村域内のエネルギー消費量データを使用します。
　このため、計算には、電気、都市ガス、プロパンガスをはじめ 10 種類を超えるエネルギーの地域内の消費量データが必要となりますが、必要となるデータを調べるためには多額の費用と時間を要します。そこで、総合エネルギー統計などの既存の統計資料から地域内のエネルギー消費量データを取得して計算します。しかしながら、必要な統計資料等が整備されていない場合も少なくありません。
　また、温室効果ガス排出量の実績を分析するためには、産業や家庭などといった部門別に実績を把握することが有効ですが、部門別に地域内のエネルギー消費量データを取得することは、さらに困難であるのが実情です。
　このため、市町村単位の $CO_2$ 排出量は、地域個別のエネルギー消費量データからの積み上げ計算と、より広い地域（京都市の場合は、京都府や近畿）におけるエネルギー消費量データを人口比などで按分する推定を組み合わせて計算する方法を採ります。
　なお、このように、自治体の地域や規模によって統計資料等の整備状況が異なることから計算方法も異なるため、各市町村単位の $CO_2$ 排出量の合計が都道府県や国の総排出量と等しくならない場合もあります。

**要点**

市町村単位の $CO_2$ 排出量計算には積み上げ方式と按分方式等がある。
① 　積み上げ方式：地域個別の部門別エネルギー消費量データをもとに計算
　　　＜長所＞地域で実施した政策効果が $CO_2$ 排出量に反映されやすい。
　　　＜短所＞データの取得が困難。
② 　按分方式：広域のエネルギー消費量データを按分した当該地域量をもとに計算
　　　＜長所＞データの取得が容易で、かつ計算方法が簡易。
　　　＜短所＞広域のエネルギー消費の特徴が当該地域にも反映される。
③ 　その他の方式：アンケート調査など

　京都市では約 25 種類の統計資料等からエネルギー消費量データを取得して $CO_2$ 排出量を計算しています。京都市域のエネルギー起源の $CO_2$ 排出量を計算する流れ図を、産業部門と民生・家庭部門を例として図 1 に示しました。

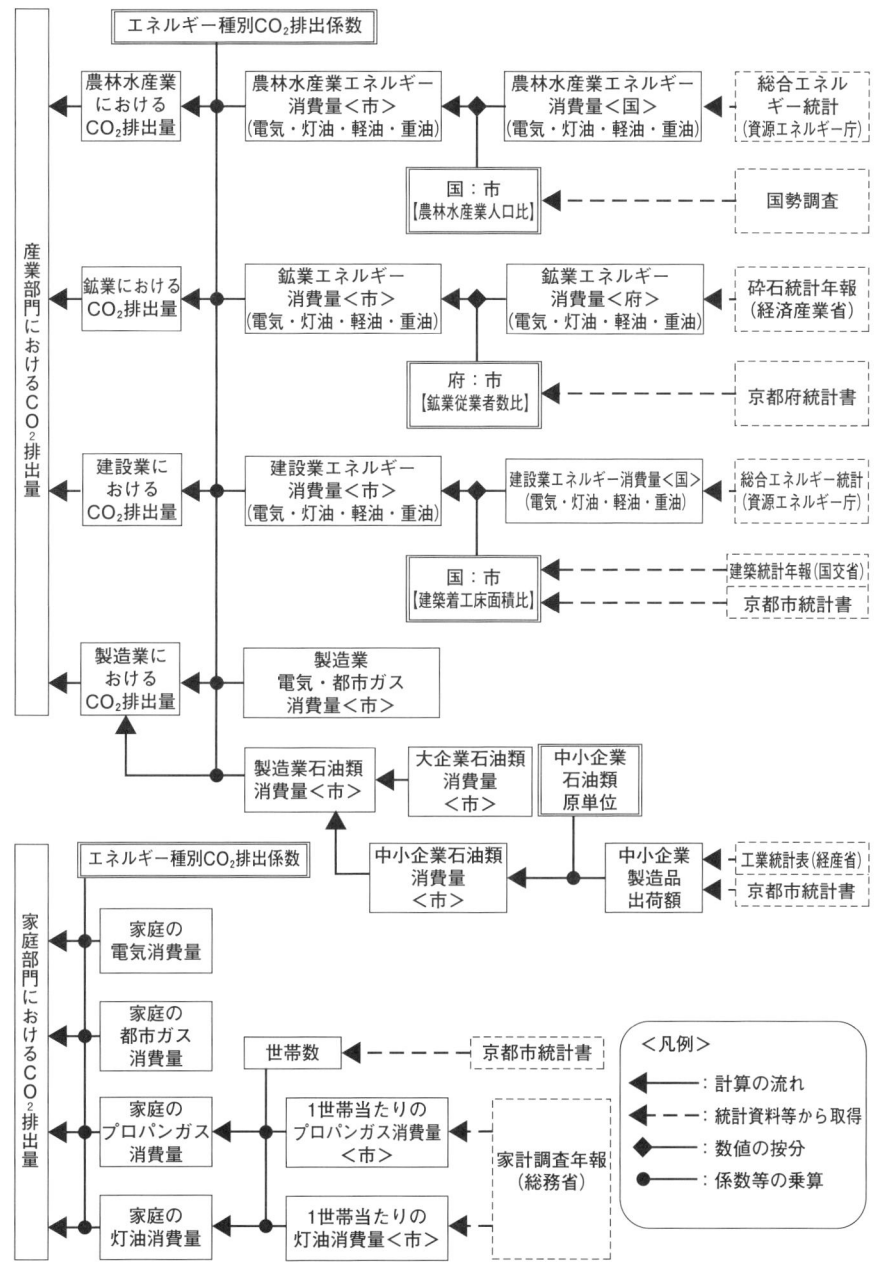

図1 京都市域の産業部門、民生・家庭部門のエネルギー起源 $CO_2$ 排出量の計算の流れ（イメージ）

## Q13 企業等からの $CO_2$ 排出量はどのように計算し、公表されるのでしょうか？

　企業において、地球温暖化対策として温室効果ガスの排出削減をはかるためには、自身の事業活動に伴う温室効果ガスの排出量を、活動の種類ごとに把握することが基本となります。活動ごとの排出量がわかれば、個々の活動に対しより適切な削減対策を立案し、実施することが可能になります。

　地球温暖化対策の推進に関する法律（温対法）では、2006 年 4 月から、温室効果ガスを多量に排出する事業者を「特定排出者」と位置づけ、図 1 に示したように、温室効果ガスの排出量を算定し、国に報告することを義務づけています。国は報告された事業者ごとの排出量を、事業者別、業種別、都道府県別に集計し、公表しています。

　ここで特定排出者とは、事業内容には関係なく、すべての温室効果ガスを対象として、表 1 に示すような条件を満たす特定事業所排出者＋特定輸送排出者を指します。対象となる温室効果ガスは京都議定書で定められた 6 ガスですが、$CO_2$ についてはさらに、エネルギー起源、非エネルギー起源、非エネルギー起源（廃棄物の原燃料使用）に分け集計されています。

　特定排出者は、表 2 に示したような合計 66 の事業活動に起因する温室効果ガス排出量を算定することになります。排出量算定の流れを図 2 に示しました。まず、自分の行っている事業の中から、表 2 の 66 に関連する事業活動を抽出します。次に活動ごとの排出量を算定しますが、これは Q6、Q11、Q12 などで述べた国や各自治体と同様な考え方で、活動量×排出係数として計算します。温室効果ガスごとに合計排出量を求め、それらに温室効果ガスごとに定められた地球温暖化係数（GWP）をかけ、$CO_2$ に換算した排出量を求めます。

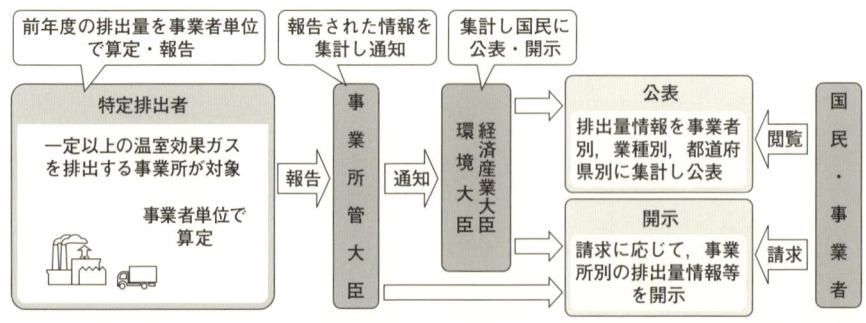

図 1　温対法により企業に課せられた温室効果ガス排出量の算定・報告・公表制度の流れ
［環境省資料より作成］

特定事業者から報告された温室効果ガス排出量の都道府県別集計データが、Q19表1中の右から2列目にみることができます。この表から、特定事業者からの温室効果ガス排出量と産業部門の$CO_2$排出量の間には、当然なこととはいえ高い相関があることがわかります。

　なお、特定排出者に該当しない企業においても、同様に自らが排出する温室効果ガス量を把握し、排出削減に努力することは、企業の社会的責務でもあります。

表1　温室効果ガス排出量の算定・報告・公表制度の対象事業者

| 温室効果ガスの種類 | 対象となる事業者 |
|---|---|
| エネルギー起源$CO_2$ | すべての事業所のエネルギー使用量の合計が1500kL/年以上となる事業者（特定事業所排出者）<br>省エネ法で特定荷主および特定輸送事業者に指定されている事業者（特定輸送排出者） |
| 非エネルギー起源$CO_2$、$CH_4$、$N_2O$、HFCs、PFCs、$SF_6$ | 以下①と②を同時に満たす事業者<br>①　温室効果ガスの種類ごとにすべての事業所の排出量合計が$CO_2$換算で3,000t以上<br>②　事業者全体で常時使用する従業員数が21人以上 |

表2　排出量の対象となる活動

| 温室効果ガスの種類 | 対象となる事業活動 |
|---|---|
| エネルギー起源$CO_2$ | 燃料の使用、他者から供給された電気、熱の使用の3活動 |
| 非エネルギー起源$CO_2$ | セメントや生石灰の製造、ドライアイスの使用など15活動 |
| $CH_4$ | 原油の精製、稲作、廃棄物の焼却など15活動 |
| $N_2O$ | 燃料の使用、工場廃水、下水の処理など11活動 |
| HFCs | 各種HFCの封入・回収・使用など11活動 |
| PFCs | アルミニウムの製造、PFCの製造・使用など4活動 |
| $SF_6$ | $SF_6$の製造・回収・使用など7活動 |

---

（1）　排出活動の抽出
温室効果ガスごとに定められた排出活動の対象となる活動を抽出する

⇩

（2）　活動ごとの排出量の算定
（1）で抽出した活動ごとに、次式に従い温室効果ガス排出量を計算する

温室効果ガス排出量＝活動量×排出係数

⇩

（3）　排出量の合計値の算定
活動ごとに算出した、温室効果ガスごとの排出量の合計を求める

⇩

（4）　すべての活動、すべての温室効果ガスに対する$CO_2$換算総排出量の算定
温室効果ガスごとの排出量を$CO_2$換算量として求める

温室効果ガス排出量（$t\text{-}CO_2$）＝温室効果ガスごとの排出量×地球温暖化係数

図2　特定排出者の温室効果ガス排出量算定手順

## Q14 家庭からの $CO_2$ 排出量はどのように計算するのでしょうか？

　家庭では料理、洗濯、照明、冷暖房などの衣食住や自家用車の利用に多くのエネルギーを消費しています。これらに伴って排出される $CO_2$ には、ガソリン、都市ガス、灯油、LPG などの燃料を直接燃焼させることで生じる $CO_2$ と、電力などのように火力発電所から間接的に発生している $CO_2$ があります。上下水道も施設運用のためのエネルギーから発生する $CO_2$ を事業者からの排出とせず、利用者である家庭の間接的な排出と考えることができますし、さらに廃棄物処理についても、ゴミの焼却や埋立に伴う $CO_2$ の排出とともに温室効果ガスであるメタンの発生もあります。間接的排出量の考え方を拡張すると、家庭で使用するあらゆる製品に内在される $CO_2$ 量をすべて考慮する、製品の一生を通しての排出量であるライフサイクル排出量（Q15 参照）の考え方が必要になります。

　家庭からの $CO_2$ 排出量としては、一般的には、燃料燃焼による直接排出量と電力利用に伴う間接的な $CO_2$ 排出量を対象としますが、水道やゴミ焼却による寄与を考える場合もあります。その簡易的計算法として、燃料や電気などの使用量に $CO_2$ 排出原単位（単位消費量あたりの $CO_2$ 排出量）を掛けて $CO_2$ 排出量を求める方法が利用されます。すなわち、使用した燃料種（ガソリン、灯油、電力など）のエネルギー消費量×単位エネルギー消費量あたりの $CO_2$ 排出量、家庭からのゴミ排出量×単位重量あたりの $CO_2$ 排出量となります。水道の場合は、水道使用量×浄水施設における単位浄水量あたりの $CO_2$ 排出量となります。なお、IPCC では各国から排出および吸収される温室効果ガスの量の目録（インベントリ）作成の指針を定めており、わが国では国立環境研究所地球環境研究センター温室効果ガスインベントリオフィスが詳細な算定を行っています（Q6 参照）。図１は日本の家庭１世帯からの平均排出量を燃料種別、用途別に求めたもので、燃料種別では電力やガソリン、用途別では自家用車と照明・家電製品の割合が多いことがわかります。

　各家庭では、環境省や自治体、企業、NPO などが作成し、インターネット上で公開されている表１のような環境家計簿を用いると、電気、ガス、水道等の使用量や料金を入力することで $CO_2$ 排出量を計算し、月別グラフ等を表示することができます。また、携帯電話から入力や閲覧できるものもあります。こうした環境家計簿をつけることにより、水光熱費を節約することができるとともに、家族自らが環境についての意識を高め、日常の無駄な生活行動を点検し、見直しを行うなどの効果を期待できます。

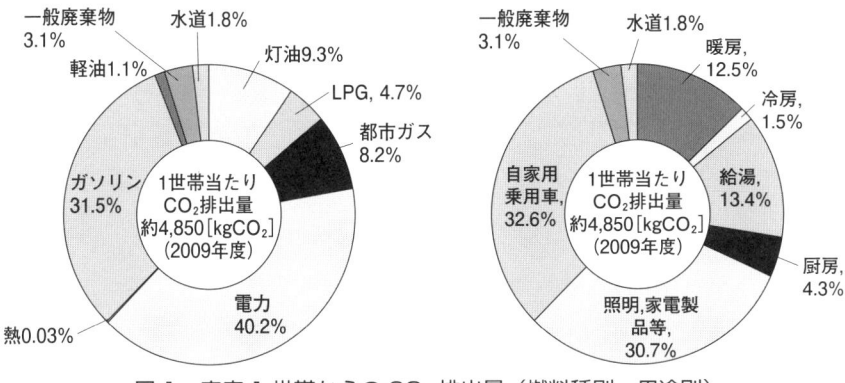

図1 家庭1世帯からのCO₂排出量（燃料種別、用途別）

左図（燃料種別）：1世帯当たりCO₂排出量 約4,850[kgCO₂]（2009年度）
- 一般廃棄物 3.1%
- 水道 1.8%
- 灯油 9.3%
- LPG 4.7%
- 都市ガス 8.2%
- 電力 40.2%
- 熱 0.03%
- ガソリン 31.5%
- 軽油 1.1%

右図（用途別）：1世帯当たりCO₂排出量 約4,850[kgCO₂]（2009年度）
- 一般廃棄物 3.1%
- 水道 1.8%
- 暖房 12.5%
- 冷房 1.5%
- 給湯 13.4%
- 厨房 4.3%
- 照明、家電製品等 30.7%
- 自家用乗用車 32.6%

[国立環境研究所 GIO データより作成]

表1 主な環境家計簿の例

| | えこ帳 | 暮らしの$CO_2$チェック | 環境家計簿 エコeライフチェック |
|---|---|---|---|
| 提供者 | 環境省（環境情報センター） | NPOローハスクラブ | 関西電力 |
| 利用方法 | MS-Excel版をダウンロードして使用 | Webサイトの情報を参考に排出量を算定 | Webサイトに直接入力 |
| 算定対象 | 電気、ガス（都市、プロパン）、灯油、ガソリン、水道 | 電気、ガス（都市、プロパン）、水道、ガソリン、灯油、可燃ごみ | 電気、ガス（都市、プロパン）、水道、灯油、ガソリン、軽油、グリーン電力基金 |
| 算定タイプ | 月別世帯ごと | 世帯ごとに算定 | 世帯ごと・家屋タイプごとに算定 |
| $CO_2$排出原単位 | 全国平均値 | 都道府県別（下段は東京都の例） | 電力は関西電力の実績値に$CO_2$クレジット反映 |
| 電気 | 0.43kg-$CO_2$/kWh | 0.384kg-$CO_2$/kWh | 0.265kg-$CO_2$/kWh |
| 都市ガス | 2.2kg-$CO_2$/m³ | 2.21kg-$CO_2$/m³ | 2.23kg-$CO_2$/m³ |
| プロパンガス | 6.0kg-$CO_2$/m³ | 6.5kg-$CO_2$/m³ | 5.98kg-$CO_2$/m³ |
| 灯油 | 2.5kg-$CO_2$/m³ | 2.5kg-$CO_2$/m³ | 2.49kg-$CO_2$/m³ |
| ガソリン | 2.3kg-$CO_2$/L | 2.3kg-$CO_2$/L | 2.32kg-$CO_2$/L |
| 軽油 | - | - | 2.58kg-$CO_2$/L |
| 水道 | 0.23kg-$CO_2$/m³（上水道） | 0.70kg-$CO_2$/m³（上下水道） | 0.36kg-$CO_2$/m³（上水道） |
| ゴミ（可燃） | - | 0.34kg-$CO_2$/kg | - |
| グリーン電力基金 | - | - | -0.07kg-$CO_2$/100円（10kWの太陽光発電に助成） |
| グラフ表示機能 | 各項目別使用量・料金グラフ（前年度比較）と$CO_2$排出量グラフ（全項目合算） | なし | 年間排出量・料金グラフおよび利用者全体の中での評価、ランキングが可能 |

[環境省、NPOローハスクラブ、関西電力のホームページから作成]

## Q15 地震などの自然災害や人為災害は $CO_2$ 排出量に影響しますか？

　私たちの日常生活の中で、表1に例示したような地震や台風などの自然災害、また交通事故や火災などの人為災害が発生します。中でも地震は広い範囲にわたって大規模な被害を及ぼします。図1は1990～2000年の間に，マグニチュード4.0以上、深さが50kmより浅い地震が発生した震源地を点でプロットした「世界の地震発生分布図」で、地震を発生させる海溝沿いに細長い帯状で分布していることがわかります。日本はまさにこの帯状の中に埋もれた、地震がきわめて発生しやすい地域に位置しています。震源地が海底の場合地形等によっては津波を発生しますが、東日本大震災は、各地に甚大な被害をもたらした過去最大の地震災害＋津波災害であり、さらには原発事故を誘引し広い地域にわたり放射性物質による人為災害を引き起こしました。

　これらの災害は、尊い命を奪うとともに、地域で築いてきた文化や社会、また電気・ガス・水道、鉄道、道路などのライフラインを破壊し都市機能を低下させ、さらには家屋をはじめ家財などを破壊します。災害により物が破壊されれば、それらを処理し、復旧させなければなりません。

　物を生産し、ライフラインを整備し、建築物を建設するためには、多量のエネルギーを消費し、結果として $CO_2$ を排出します。また、破壊されたものを処理するためにもエネルギーを消費し $CO_2$ を排出します。各種製品等について、生産から廃棄に至る物の一生を通しての環境負荷量（ここでは $CO_2$ 排出量）を評価した例を表2に示します。この評価手法をライフサイクルアセスメント（LCA）といいますが、表では製品1円あたりに排出される $CO_2$ 量として表しています。災害による破壊を防止すれば、結果的に $CO_2$ 排出量を削減することができます。したがって、災害をなくしまたは軽減するための都市・地域防災は、$CO_2$ 削減とも密接に関連した重要な地球温暖化対策でもあります。

　人為災害の火災や事故などによっても物が破壊され、処理し、再建設・生産しなければなりません。人の命を奪い破壊することを目的とした戦争や紛争、テロなどによる被害は、最大の人為災害といえるでしょう。F-15戦闘機は、1分間の飛行で約900Lの燃料を使用し、およそ2tの $CO_2$ を排出するといわれています。「戦争は最大の環境破壊」、そして貴重なエネルギーを大量に消費し、莫大な $CO_2$ を排出します。戦争をはじめ人為災害の防止も $CO_2$ 削減につながります。

**要点** 自然災害や人為災害と $CO_2$ 排出量

　自然・人為災害の発生→物の破壊→処理→復旧・復興のために、大量のエネルギーを消費、$CO_2$ を排出→都市・地域防災は温暖化対策としても重要。

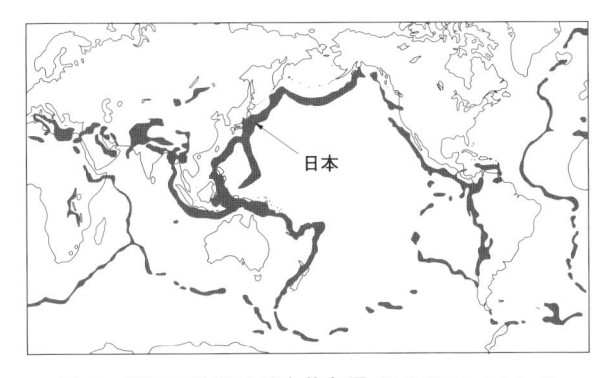

図1 世界の地震の発生分布図 [気象庁HPより作成]

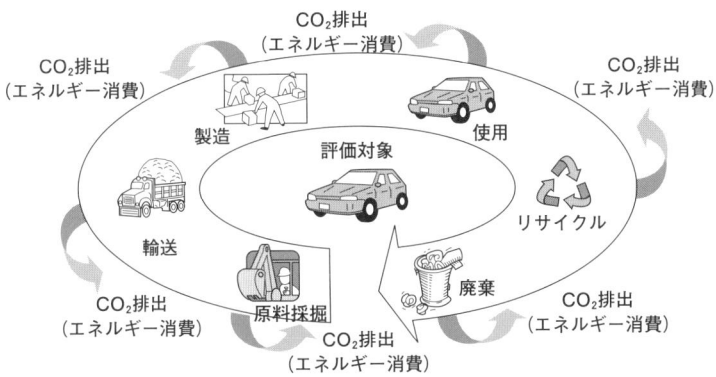

図2 ライフサイクルにわたる$CO_2$排出量評価

表1 自然災害の原因と被害の例

| 地質現象 | 地震 | 揺れによる被害：建造物や物品の損壊、火災、土地の破壊、土砂災害、地割れ、液状化現象 |
|---|---|---|
| | 津波 | 地震により発生：建造物や物品の流失、浸水、火災、塩害、海岸域の崩壊 |
| 気象現象 | 水害 | 台風や集中豪雨、大雨、長雨：洪水、土石流、がけ崩れ、地滑り、高潮 |
| | 風害 | 低気圧や台風、竜巻などによる突風：建物の損壊、農産物被害、船の座礁 |
| | 土砂災害 | 土石流、がけ崩れ、地滑り、天然ダム（河道閉塞） |
| | 雪害 | 大雪：交通機関のまひ、雪崩、重みによる建物や物品の損壊 |
| | 異常気象 | 高温、低温、少雨など：猛暑、寒波、大雨、空梅雨、エルニーニョの誘因 |
| | 異常乾燥 | 異常乾燥：火災、山火事 |
| 人為災害 | | 戦争、テロ、暴動、事故など不慮の事故、火災、犯罪被害、風評被害 |

表2 製品までの製造購入者価格あたりの$CO_2$排出原単位（g-$CO_2$/円）

| 木製家具・装飾品 | 1.66 | 乗用車 | 2.15 |
|---|---|---|---|
| 建設用土石製品 | 4.26 | トラック、バス、その他の自動車 | 2.35 |
| 鋳鉄品および鍛工品（鉄） | 10.62 | 畳・わら加工品 | 1.43 |

[国立環境研究所、産業連関表による環境負荷原単位データブックより作成]

第2章 $CO_2$排出量はどのように計算するのでしょうか？

## 【☕ ティータイム：食事と $CO_2$】

　毎日の食事も，食材を作ったり，運んだり，貯蔵したり，さらには料理するときにガスや電気を使うことで，$CO_2$ をたくさん出しているのです。例えば，4人家族でご飯，焼き魚，茶碗蒸し，ほうれん草のお浸し，具だくさん味噌汁，デザート（フルーツ）の和風メニューにすると，食材のために 1.9 kg-$CO_2$，調理で 0.7 kg-$CO_2$，合計 2.6 kg-$CO_2$，ご飯，ハンバーグ，ポテトサラダ，コーンポタージュスープ，デザート（フルーツ）の洋風メニューでは，食材 4.9 kg-$CO_2$，調理 0.5 kg-$CO_2$，合計 5.4 kg-$CO_2$ になります。ご飯，搾菜肉絲油，鶏唐揚げ，八宝菜，デザート（フルーツ）の中華風メニューでは，食材 2.4 kg-$CO_2$，調理 0.4 kg-$CO_2$，合計で 2.8 kg-$CO_2$ になります（日本LCA学会食品研究会の推算）。鉄1kgができるまでに出る $CO_2$ は 2〜3 kg-$CO_2$ なので，食事でたくさん出ていることが分かります。

| 2.6 kg-$CO_2$ | 5.4 kg-$CO_2$ | 2.8 kg-$CO_2$ |
|---|---|---|
| 和風 | 洋風 | 中華風 |
| 1.9 kg-$CO_2$/4人分 | 4.9 kg-$CO_2$/4人分 (3.4 kg-$CO_2$) | 2.4 kg-$CO_2$/4人分 |
| + | | |
| 0.7 kg-$CO_2$/4人分 | 0.5 kg-$CO_2$/4人分 | 0.4 kg-$CO_2$/4人分 |

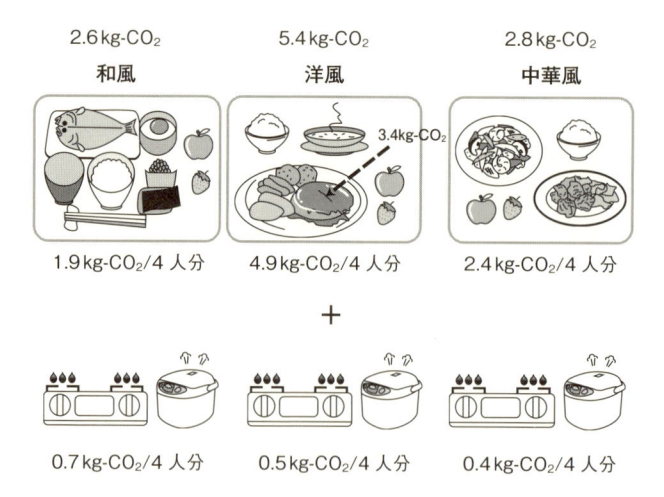

# 第3章

# 世界や日本の $CO_2$ の排出状況はどのようでしょうか？

## Q16 世界のCO₂排出量はどのくらいでしょうか？

世界のエネルギー起源の $CO_2$ 排出量の推移を図1に示します。1971年に141億t-$CO_2$ であった世界の $CO_2$ 排出量は、それ以降増加を続けており、1990年には210億t-$CO_2$、2009年には1971年のおよそ2倍の290億t-$CO_2$ に達しています。なお、290億t-$CO_2$ は、120億tの原油から排出される $CO_2$ 量に相当します。

1990年以前は先進国からの $CO_2$ 排出量が多かったのですが、近年では、主に中国やインドなどの発展途上国における排出量の増加が顕著となっています。図2は2009年における国別の $CO_2$ 排出量を示したものです。2007年には中国がアメリカを抜き、世界第1位の排出国となり、2009年にインドがロシアを抜いて、世界第3位の排出国となりました。2009年では、中国に次いでアメリカ、インド、ロシアの順になっています。第1位の中国と第2位のアメリカの2国で世界の排出量の42％を占めており、中国からイギリスの上位10カ国でほぼ3分の2を占めるに至っています。日本の排出量は世界第5位で世界の排出量の約4％を占めています。なお、京都議定書において削減目標を定められた附属書Ⅰ国のうち内、批准した国の排出量は世界全体のおよそ30％弱を占めるのみである一方、京都議定書に批准していないアメリカが18％を、また中国やインドなど京都議定書において削減目標を課せられなかった非附属書Ⅰ国が50％強を占めており、京都議定書の効果が限定的なものとなっています。

また、世界全体の $CO_2$ 排出量の約40％は電力生産からの排出であり、自動車などの運輸部門が約20％を占めています。

代表的な国の1人あたり $CO_2$ 排出量を図3に示しました。2009年時点では、1人あたりエネルギー起源の $CO_2$ 排出量の世界の平均は4.3t/(人・年)です。この値を基準とすると、先進国では平均値より大きい傾向にあり、日本、ドイツ、イギリスが平均の約2倍、アメリカ、カナダが約4倍となっています。また、サウジアラビアなどの産油国も大きい傾向がみられます。対照的に発展途上国では、世界平均を下回っています。ただ、中国は近年の急速な経済発展により、2009年には世界平均を若干上回る5.1t/(人・年)まで増大し、今後も急速に増大していくものと考えられます。一方他の発展途上国については、ブラジル、インドは世界平均の1/3程度と少なく、さらにエチオピアなどいくつかの後発発

展途上国に至っては、日本の1/100程度で、0.1 t/(人・年)にも満たない状況にあります。

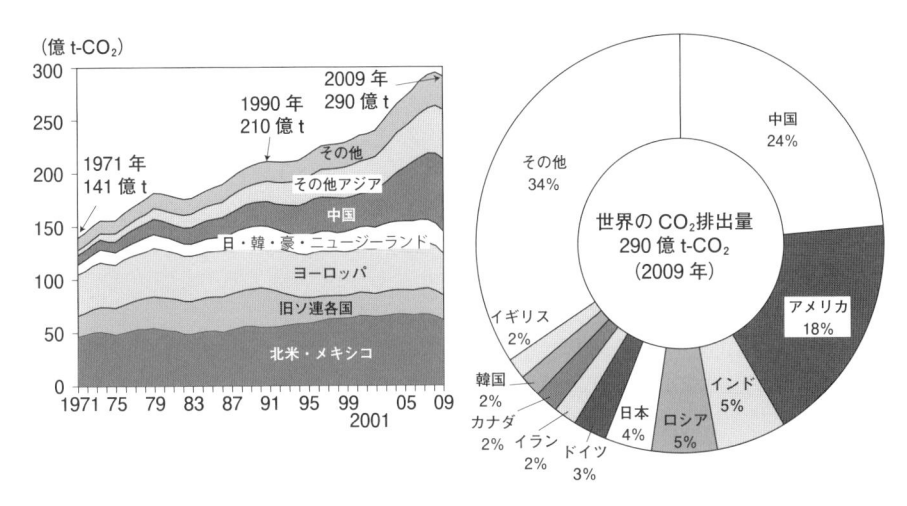

図1 世界のエネルギー起源 $CO_2$ 排出量の推移

図2 世界のエネルギー起源 $CO_2$ 排出量（2009年）

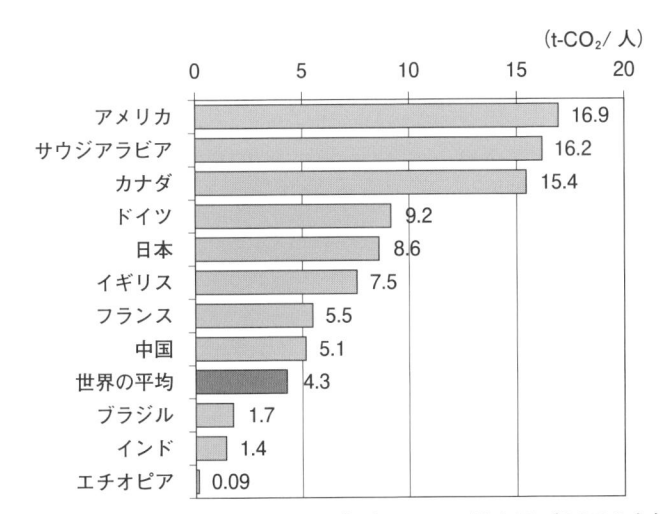

図3 各国の1人あたりエネルギー起源 $CO_2$ 排出量（2009年）
[図1～図3はすべてIEA「$CO_2$ Emissions from Fuel Combustion」より作成]

## Q17 日本の $CO_2$ 排出量はどのくらいでしょうか？

　日本の 2010 年度の温室効果ガス排出量（速報値）は、図 1 に示すように 12 億 5,600 万 t であり、京都議定書の基準年である 1990 年と比べ 0.4％の減少、前年度と比べ 3.9％の増加となりました。この前年度からの増加は 2008 年度に発生したリーマンショック後の景気後退から回復したことによるものです。また、$CO_2$ の排出量は、6 種の温室効果ガスの総排出量の 95％を占める 11 億 9,100 万 t であり、基準年より 4.1％の増加、前年度と比べ 4.1％の増加となっています。部門別 $CO_2$ 排出量の推移を図 2 に示しました。2010 年度に $CO_2$ 排出量の 35％を占める産業部門からの排出量は、2010 年度において 4.21 億 t と基準年の 4.82 億 t と比較し 12.7％減少し、また前年度からは 8.5％増加しています。産業部門における基準年からの排出量の大幅な減少は、製造業と非製造業の両方の排出量が大きく減少したことによります。

　2010 年度における運輸部門からの排出量 2.32 億 t は、基準年の 2.17 億 t と比べると 6.8％の増加、前年度比では 0.9％の増加となっています。基準年からの排出量の増加は、貨物からの排出量が基準年比で 16％減少した一方で、自動車を主体とした旅客からの排出量が基準年比 29％増加したことによります。しかし、2001 年度以降では、運輸部門の排出量の約半分を占める旅客用自動車の排出量が減少に転じたことにより、運輸部門からの排出量は 2001 年度をピークとして徐々に減少しています。

　家庭部門からの排出量は、2010 年度には 1.73 億 t となり、基準年の 1.27 億 t と比べ 35.5％の増加、前年度比では 6.8％の増加となっています。基準年からの排出量の増加は家庭用機器のエネルギー消費量が、機器の大型化・多様化等により増加していること、世帯数が増加していること等により、電力を中心にエネルギーの消費量が大きく増加したことによります。前年度からの排出量の増加は、猛暑厳冬による電力消費の増加および石油製品の消費の増加などによります。

　業務部門からの 2010 年度の排出量 2.17 億 t は、基準年の 1.64 億 t と比べ 31.9％の増加、前年度比で 0.5％の増加となっています。基準年からの排出量の増加は、業務床面積の増加およびそれに伴う空調・照明設備の増加、オフィスの OA 化の進展等による電力等のエネルギー消費量が増加したことによるものです。なお、業務部門とは、事務所、商業施設、公共施設、学校、病院などを指します。

　セメント生産や廃棄物の焼却など非エネルギー起源 $CO_2$ 排出量は、2010 年度において基準年比で 19.2％の減少、前年度比で 1.1％の減少となっています。基準年からの減少は、セメント生産量の減少などにより工業プロセス分野からの排出量が減少したことなどによります。

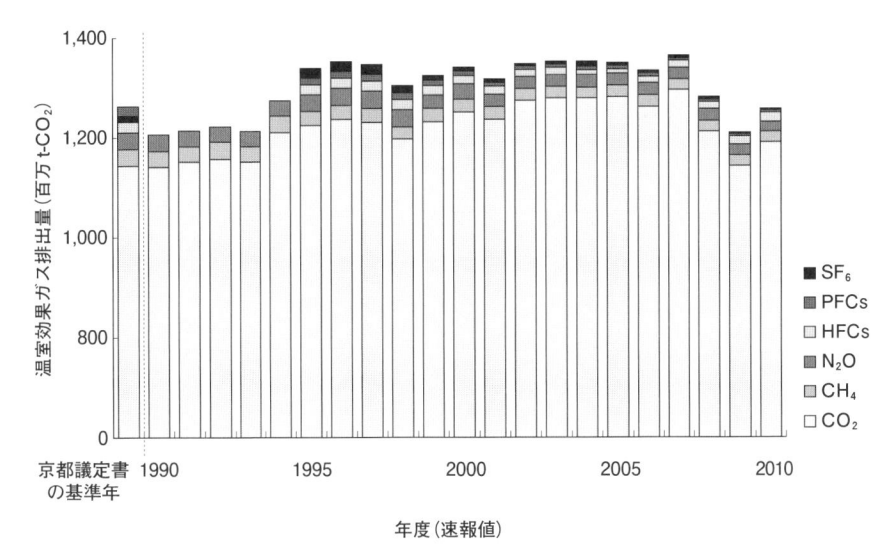

図1 日本の温室効果ガス排出量の推移

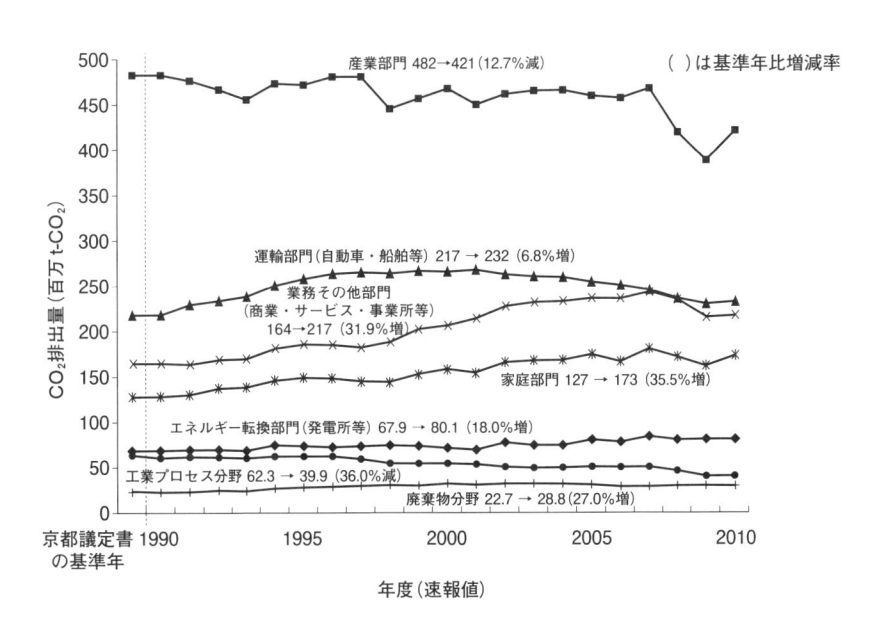

図2 日本の分野別 $CO_2$ 排出量の推移（電気熱配分後）

[図1、図2とも国立環境研究所 GIO HP より作成]

第3章 世界や日本の $CO_2$ の排出状況はどのようでしょうか？

## Q18 日本の $CO_2$ 排出量は他の国と比較しどんな特徴がありますか？

　日本の産業部門の $CO_2$ 排出量が占める割合は、他の先進国に比べて大きく、民生部門（家庭部門と業務部門）の $CO_2$ 排出割合は小さくなっています。これは欧米に比べて製造業のウェイトが高いことにより、産業部門の $CO_2$ 排出量が比較的多くなっていること、欧米に比べて平均気温が高いことにより、民生部門において暖房などによるエネルギー消費が少なく、その結果 $CO_2$ 排出量が少なくなっているためです。

　運輸部門の1人あたり $CO_2$ 排出量の推移を図1に示しました。ドイツと同程度ではありますが、日本は他の主要先進国に比べ、運輸部門の排出量が小さいことがわかります。この理由としては、欧米に比べて小型車が多く、自動車の燃費が良いこと、$CO_2$ 排出の少ない輸送手段である鉄道網が発達していることなどが挙げられます。なお、各国における運輸部門の $CO_2$ 排出量のおよそ90％は自動車からの排出となっています。

　日本国内で化石燃料はほとんど産出されず、その大半を輸入に頼っています。そのため、1973年、1979年の2度のオイルショックを受け、1979年にエネルギーの合理化に関する法律（省エネ法）を制定し、他国よりも早くから省エネ技術を確立させてきました。その結果、図2に示すように、現在はGDPあたりの $CO_2$ 排出量は、中国に比べ1/10、アメリカに比べ1/2など、他の国に比べて著しく小さくなっています。

　また、$CO_2$ に関連した指標で、日本の特徴として挙げられるのは、エネルギー消費に占める石油の依存度が高いことです。第一次オイルショックの1973年時点において、1次エネルギー消費量に占める石油の割合は78％ときわめて高く、オイルショック後脱石油を進め、1990年時点で57％となり、それ以降もその割合は減少しているものの、図3に示すように、2008年時点でも43％と依然として他の先進国よりも石油依存度が高い状態にあります。この理由として、電力部門では石油火力発電の割合が他国に比べ大きいことが挙げられます。とりわけ、1990年までは石油火力発電への依存度が高く、1990年の発電電力量に占める石油火力発電の割合は30％でしたが、2008年には13％まで低下していま

---

**要点**

日本の $CO_2$ 排出量を他の先進主要国と比較したとき、
1) 産業部門の割合が大きく、民生部門（家庭部門＋業務部門）の割合が小さい。
2) 運輸部門の1人あたり $CO_2$ 排出量は小さい。
3) 1次エネルギーに占める石油依存度が高く石油による $CO_2$ 排出割合が大きい。

す。

化石燃料の燃焼以外では、可燃性廃棄物の多くを焼却処理しているため、廃棄物の焼却からの $CO_2$ 排出が大きいのも日本の特徴といえます。他の国では廃棄物処理を埋め立てとしている国が多く、多量の $CH_4$ を発生しています。

また、$CO_2$ ではなく温室効果ガス排出量という視点では、日本は $CO_2$ の排出量の割合が大きく、その他のガス（$CH_4$、$N_2O$、HFCs、PFCs、$SF_6$）の排出量割合は小さいといった特徴があります。これは農産物の輸入が多く、農業分野の排出量が少ないことと、Fガス類（HFCs、PFCs、$SF_6$）の排出量削減対策が効果を挙げていることが挙げられます。

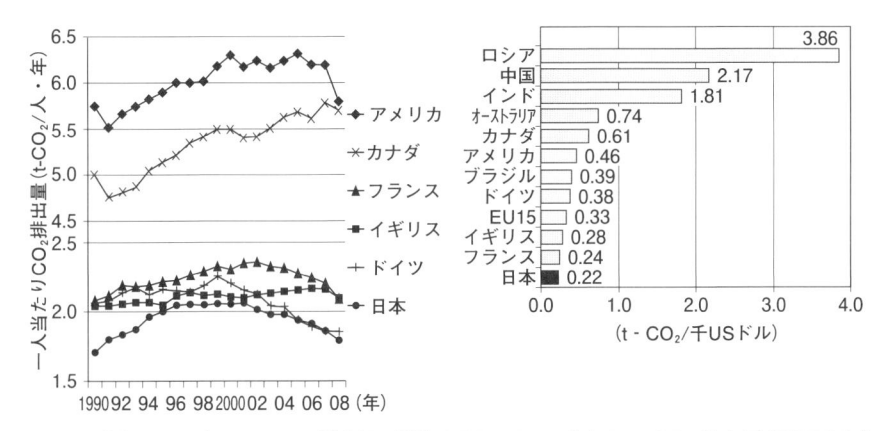

図1 運輸部門の1人あたり $CO_2$ 排出量の推移
[UNFCCC「温室効果ガスインベントリ」より作成]

図2 GDPあたりの $CO_2$ 排出量（2009年）
[IEA「$CO_2$ Emissions from Fuel Combustion」より作成]

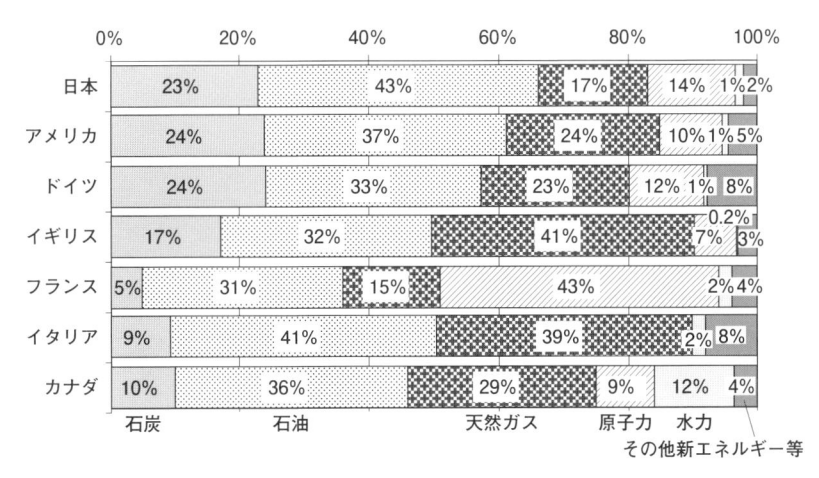

図3 主要先進国におけるエネルギー源別一次エネルギー供給割合（2008年）
[IEA「$CO_2$ Emissions from Fuel Combustion」より作成]

## Q19 各都道府県の $CO_2$ 排出量はどのくらいでしょうか？

　各都道府県をはじめ、政令指定都市や市町村等の多くが、当該地域の温室効果ガス（GHG）排出量を算定し、目標値を定め $CO_2$ 排出削減対策に取り組んでいます。各都道府県の $CO_2$ 排出量の算定方法は、Q11 の滋賀県の例にもみられるように、多くはエネルギー消費量や世帯数、自動車の保有台数、事業所数などのデータをもとに算定していますが、統一された方法に従ったものではありません。また、県単位の場合、他県で発電された電力の使用に伴う $CO_2$ や他県で給油された車からの $CO_2$ など、複数県にまたがった $CO_2$ 排出量はどのように按分するかなど、全国の排出量算定では問題にならない難しい問題があります。したがって、各都道府県の算定値を合算しても、Q6 で述べた、温室効果ガスインベントリオフィス（GIO）が、京都議定書に関連し全国を対象として算定する値とは一致しません。

　なお、排出量の算定にあたっては、県によっては 6 種の GHG ガスすべてに対してではなく $CO_2$ のみを対象としたり、2 年に 1 回の算定であったり、統一されていないこともあり、各都道府県の温室効果ガス排出量を、まとまった形で報告しているものはありません。各都道府県が、環境白書や温暖化対策実行計画などで公表している GHG、$CO_2$ 排出量等に基づいて調べた結果を表 1 にまとめました。取り上げた 1990 年は京都議定書の基準年であり、2007 年度はわが国の GHG 排出量が過去最大を記録した年度です。GHG に占める $CO_2$ の割合はおよそ 95%、$CO_2$ に占める産業部門の割合は多くが 20〜50% の範囲にあることがわかります。

　各都道府県が算定した GHG や $CO_2$ の合計排出量は、GIO の全国を対象とした算定値とよく一致しています。一方、1 人あたりの年間 GHG 排出量は、全国平均値を求めるために各都道府県の排出量に関係なく単純に平均したため、GIO とは 10% 前後異なり、最小の 4.2（奈良県）〜最大の 36.1t-$CO_2$（大分県）と、都道府県により大きく異なります（図 1 参照）。これは各都道府県のエネルギー消費構造に大きく依存するためです。産業部門の比率が高い県では大きく、また人口の多い東京、大阪などでは小さい傾向を示しています。

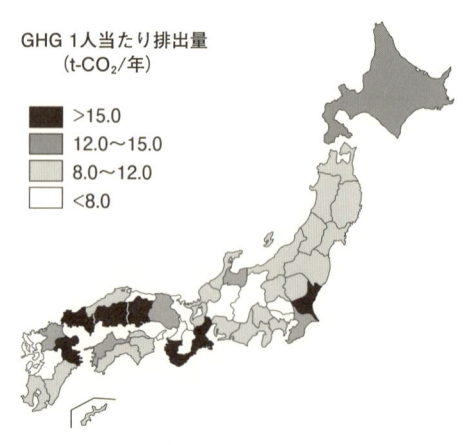

図 1　1 人あたりの GHG 排出量（2007 年度）

表 1　都道府県別 GHG 排出量 [各都道府県の公表データより作成]

| | 1990年度(基準年) | 2007年度 | | | | | | | 最新年度(年度) |
|---|---|---|---|---|---|---|---|---|---|
| | GHG排出量(万t-CO₂) | GHG排出量(万t-CO₂) | GHG1人あたり排出量(t-CO₂) | CO₂排出量(万t-CO₂) | GHGに対するCO₂の割合(%) | 産業部門からのCO₂排出量(万t-CO₂) | CO₂に占める産業部門の割合(%) | 特定事業所排出者からのGHG排出量(万t-CO₂) | GHG排出量(万t-CO₂) |
| 全国(GIO) | 126,130 | 136,490 | 10.15 | 129,630 | 95.0 | 46,750 | 36.1 | - | 125,600(10) |
| 1 北海道 | 6,366 | 7,242 | 12.92 | 6,454 | 89.1 | 2,111 | 32.7 | 2,308 | 7,132(09) |
| 2 青森 | 1,482 | 1,570 | 11.15 | 1,451 | 92.4 | 558 | 38.5 | 573 | 1,474(08) |
| 3 岩手 | 1,420 | ※- | ※9.44 | 1,300 | - | 486 | 37.4 | 445 | 1,381(08) |
| 4 宮城 | 1,694 | 2,077 | 8.84 | 1,948 | 93.8 | 610 | 31.3 | 696 | 2,077(07) |
| 5 秋田 | 789 | 1,030 | 9.19 | 921 | 89.4 | 213 | 23.1 | 289 | 1,030(07) |
| 6 山形 | 825 | 1,003 | 8.37 | 917 | 91.4 | 311 | 33.9 | 234 | 880(08) |
| 7 福島 | 1,729 | 2,226 | 10.76 | 1,943 | 87.3 | 798 | 41.1 | 973 | 1,932(08) |
| 8 茨城 | 5,030 | 5,084(06) | 17.11(06) | 4,890(06) | 96.2(06) | 3,466(06) | 70.9 | 3,278 | 4,800(10) |
| 9 栃木 | 1,815 | 2,020 | 10.02 | 1,861 | 92.1 | 736 | 39.5 | 703 | 1,661(09) |
| 10 群馬 | 1,582 | 2,010 | 9.97 | 1,766 | 87.9 | 710 | 40.2 | 557 | 2,010(07) |
| 11 埼玉 | 4,190 | 4,506 | 6.34 | 4,321 | 95.9 | 1,377 | 31.9 | 1,140 | 3,995(09) |
| 12 千葉 | 7,428 | 8,308 | 13.29 | 8,116 | 97.7 | 5,388 | 66.4 | 5,623 | 8,112(08) |
| 13 東京 | 5,780 | 5,852 | 4.58 | 5,578 | 95.3 | 521 | 9.3 | 1,171 | 5,660(09) |
| 14 神奈川 | 7,020 | 7,873 | 8.85 | 7,681 | 97.6 | 3,477 | 45.3 | 3,091 | 6,928(09) |
| 15 新潟 | 2,514 | 2,793 | 11.60 | 2,592 | 92.8 | 1,002 | 38.7 | 911 | 2,485(09) |
| 16 富山 | 1,261 | 1,545 | 13.98 | 1,449 | 93.8 | 689 | 47.6 | 564 | 1,318(08) |
| 17 石川 | 714 | ※- | ※9.59 | 1,122 | - | 296 | 26.4 | 222 | ※93(08) |
| 18 福井 | 883 | 911 | 11.16 | 868 | 95.3 | 375 | 43.2 | 405 | 871(08) |
| 19 山梨 | 605 | 751 | 8.56 | 710 | 94.5 | 165 | 23.2 | 114 | 722(08) |
| 20 長野 | 1,531 | 1,727 | 7.91 | 1,615 | 93.5 | 447 | 27.7 | 338 | 1,727(07) |
| 21 岐阜 | 1,687 | 1,601 | 7.62 | 1,523 | 95.1 | 549 | 36.0 | 695 | 1,601(07) |
| 22 静岡 | 3,440 | 3,395 | 8.94 | 3,283 | 96.7 | 1,497 | 45.6 | 1,313 | 3,070(08) |
| 23 愛知 | 7,701 | 8,611 | 11.71 | 8,314 | 96.6 | 4,384 | 52.7 | 4,455 | 7,839(08) |
| 24 三重 | 2,650 | 3,101 | 16.59 | 2,974 | 95.9 | 1,740 | 58.5 | 1,703 | 3,101(07) |
| 25 滋賀 | 1,342 | 1,307 | 9.37 | 1,247 | 95.4 | 608 | 48.8 | 520 | 1,235(08) |
| 26 京都 | 1,477 | 1,480 | 5.61 | 1,417 | 95.7 | 376 | 26.5 | 356 | 1,234(09) |
| 27 大阪 | 5,783 | 5,674 | 6.43 | 5,501 | 97.0 | 2,015 | 36.6 | 1,728 | 5,299(09) |
| 28 兵庫 | 7,303 | 7,565 | 13.52 | 7,293 | 96.4 | 4,970 | 68.1 | 3,765 | 6,348(09) |
| 29 奈良 | 541 | 594 | 4.21 | 581 | 97.8 | 137 | 23.6 | 98 | 592(08) |
| 30 和歌山 | 1,769 | 1,836 | 18.00 | 1,779 | 96.9 | ※※1,235 | ※※67.2 | 1,120 | 1,734(08) |
| 31 鳥取 | 397 | ※- | ※7.18 | 436 | - | 116 | 26.6 | 112 | ※413(09) |
| 32 島根 | 559 | 665 | 9.00 | 619 | 93.1 | 198 | 32.0 | 197 | 665(09) |
| 33 岡山 | 4,956 | 5,678 | 29.09 | 5,578 | 98.2 | 3,448 | 61.8 | 4,002 | 5,678(07) |
| 34 広島 | 4,531 | 5,926 | 20.67 | 5,873 | 99.1 | 4,195 | 71.4 | 4,021 | 5,466(08) |
| 35 山口 | 4,393 | 4,849 | 32.90 | 4,710 | 97.1 | 2,616 | 55.5 | 3,744 | 4,265(09) |
| 36 徳島 | 694 | 751 | 9.39 | 704 | 93.7 | 290 | 41.2 | 332 | 751(07) |
| 37 香川 | 811 | 860 | 8.55 | 821 | 95.5 | 265 | 32.3 | 359 | 803(08) |
| 38 愛媛 | 1,908 | 2,156 | 14.85 | 1,999 | 92.7 | 1,108 | 55.4 | 1,290 | 2,014(08) |
| 39 高知 | 867 | 910 | 11.47 | 853 | 93.7 | ※※228 | ※※25.0 | 523 | 872(08) |
| 40 福岡 | 6,122 | 6,299 | 12.52 | 6,128 | 97.3 | 2,905 | 47.4 | 3,162 | 5,854(08) |
| 41 佐賀 | 591 | 602 | 7.01 | 548 | 91.0 | 189 | 34.5 | 153 | 551(08) |
| 42 長崎 | 932 | 974 | 6.80 | 897 | 92.1 | 133 | 14.8 | 253 | 897(08) |
| 43 熊本 | 1,115 | 1,279 | 7.00 | 1,100 | 86.0 | 507 | 46.1 | 380 | 1,130(08) |
| 44 大分 | 3,706 | 4,348 | 36.10 | 4,251 | 97.8 | 3,361 | 79.1 | 2,818 | 4,069(08) |
| 45 宮崎 | 1,653 | 1,010 | 8.84 | 783 | 77.5 | 408 | 52.1 | 331 | 961(08) |
| 46 鹿児島 | 1,192 | 1,435 | 8.29 | 1,180 | 82.2 | 297 | 25.2 | 146 | 1,417(08) |
| 47 沖縄 | 948 | 1,386 | 10.09 | 1,350 | 97.4 | 242 | 17.9 | 214 | 1,386(07) |
| 全国合計 | 123,726 | 127,736 | | 124,355 | | 56,824 | | 61,429 | |
| 全国平均 | | | 11.60 | | 93.8 | | 41.0 | | |

茨城県は2年ごとに算定しているため2006年度の値、※はCO₂としての算定値、※※はGHGとしての算定値、「約」は図からの読取概略値。また下欄の全国合計、全国平均は47都道府県の合計、平均値。ただし、GHG排出量、GHGに対するCO₂の割合には、岩手、石川、鳥取の3県は含まず

## Q20 排出量最大の東京都の $CO_2$ 排出量の特徴は何ですか？

　2011年9月現在の東京都の人口は、図1に示したように1,316万人で、対全国比率も10％を上回り、近年増加傾向にあります。人工建造物や居住区、高人口密度が連続する都市化地域で居住者が少なくとも1,000万人を超える都市部をメガシティと呼んでいますが、国連によれば、2009年現在の世界最大のメガシティは、横浜市など周辺都市を組み入れた人口3,650万人の「東京」であるとしています。1955年に当時世界最大のメガシティであったニューヨークを抜いて、55年以上世界第一の都市を維持しています。

　気候変動対策の推進等に先進的に取り組んでいる「世界大都市気候先導グループ」の報告では、同グループの会員および提携の69都市の中で、東京都の$CO_2$排出量が最大であり、世界でも有数の$CO_2$排出量の多い都市となっています。

　東京都環境局によれば、2008年度の速報値で、温室効果ガス排出量は$CO_2$に換算して5,700万tであり、2007年度比で1.2％の減、2000年度比では6.5％の減となっており、基準年の1990年度と同じ排出量になっています。分野別の排出量をみると、他の自治体と比較して、産業部門の割合が約9％と特に小さく、業務部門が約36％と極端に大きいこと、家庭部門が約25％、運輸部門が約23％と大きいことが特徴として挙げられます。

　各都道府県が公表している$CO_2$排出量から算出した1人あたりの$CO_2$排出量を図2に、比較対照として大阪府および大分県の分野別排出量割合を図3に示しました。東京都の1人あたりの$CO_2$排出量は4.5t/人で、都道府県の中で奈良県の次に少なく、日本の平均10t/人の半分以下となっています。1人あたりの$CO_2$排出量が6.5t/人と比較的少ない大阪府と比較しても、産業部門の割合が極端に少なく、業務部門の割合が特に大きいことがわかります。また、1人あたりの$CO_2$排出量が28.2t/人と多い大分県の分野別排出量をみると、産業部門の割合が75％にも達しています。このように地方では産業部門の割合が大きく、1人あたりの排出量を増加させる一因となる例がみられます。また、東京都も含めて、大都市を含む自治体では、家庭部門の割合が大きい傾向があるなど、$CO_2$の排出形態は都道府県で決して均等でないことが窺えます。

　東京都の$CO_2$排出量の特徴は、温暖化対策が進んでいるというより、都市機能の集積に起因するところが大きいということができます。

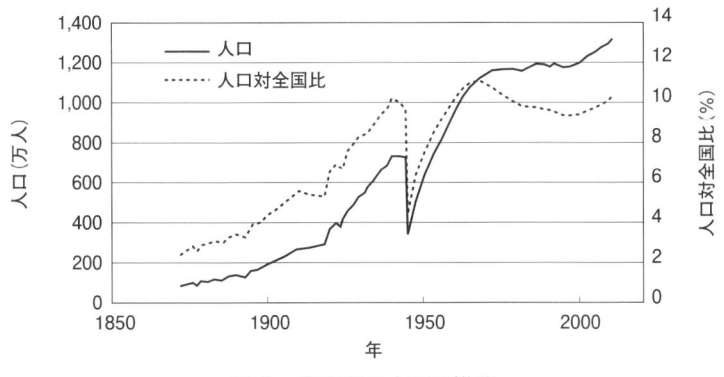

図1 東京都の人口の推移
[東京都の人口(推計)年報より作成]

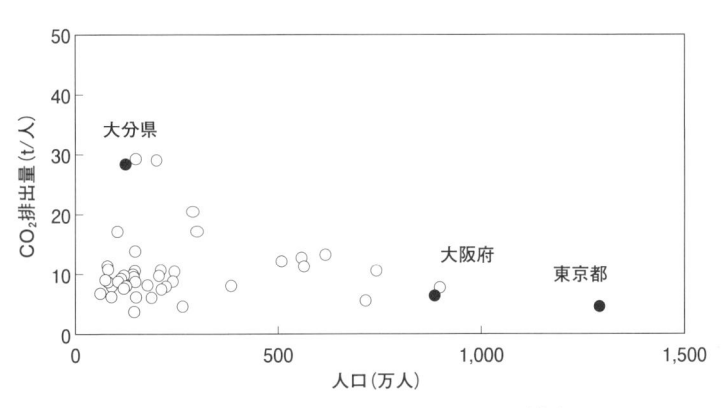

図2 都道府県別の1人あたりの$CO_2$排出量

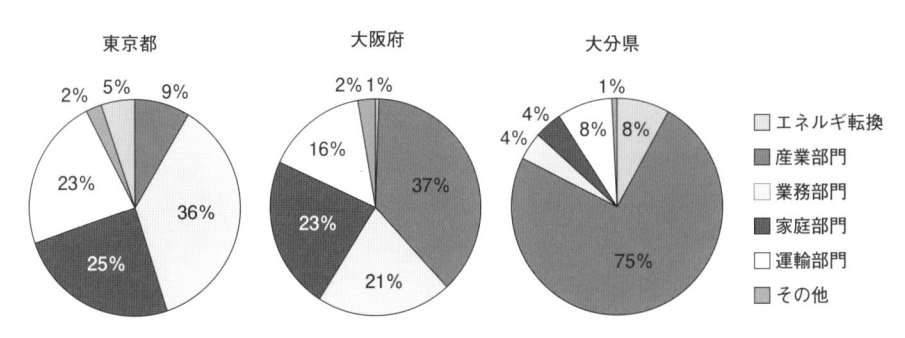

図3 東京都および大阪府、大分県の分野別$CO_2$排出割合
[各都府県公表資料より作成]

東京都
エネルギ転換 9%
産業部門 25%
業務部門 36%
家庭部門 23%
運輸部門 5%
その他 2%

大阪府
エネルギ転換 1%
産業部門 23%
業務部門 37%
家庭部門 16%
運輸部門 2%
その他 21%

大分県
エネルギ転換 8%
産業部門 75%
業務部門 8%
家庭部門 4%
運輸部門 1%
その他 4%

第3章 世界や日本の$CO_2$の排出状況はどのようでしょうか?

## Q21 COP3開催地京都市のCO$_2$排出量はどのくらいでしょうか？

　京都市域からの2009年度における温室効果ガスの総排出量は608万tでした。COP3の基準年である1990年の総排出量は772万tであったことから、基準年比では164万t、21.3%減少しました。京都市地球温暖化対策条例（改正前）では、2010年までに、市域内の温室効果ガス排出量を基準年の90%に削減するという目標を掲げていましたが、これを大幅に上回る排出量削減を達成しています。

**要点**　京都市域からの2009年度における温室効果ガス排出量の目標と実績

削減目標　10%
基準年（1990年）772万t
目標年（2010年）695万t

→ 目標達成 →

最新実績（2009年度）
排出量実績　608万t
基準年から　164万t
　　　　　（21.3%）削減

　なお、2009年度の温室効果ガスの総排出量608万tは、化石燃料の使用などに伴い排出された618万tから、森林による吸収や市内で設置された太陽光発電設備からの余剰電力の売却分など、温室効果ガス排出量を削減する効果のあった10.9万tを差し引いた値となっています。
　基準年から2009年度までの温室効果ガスの排出量推移を図1に示しました。

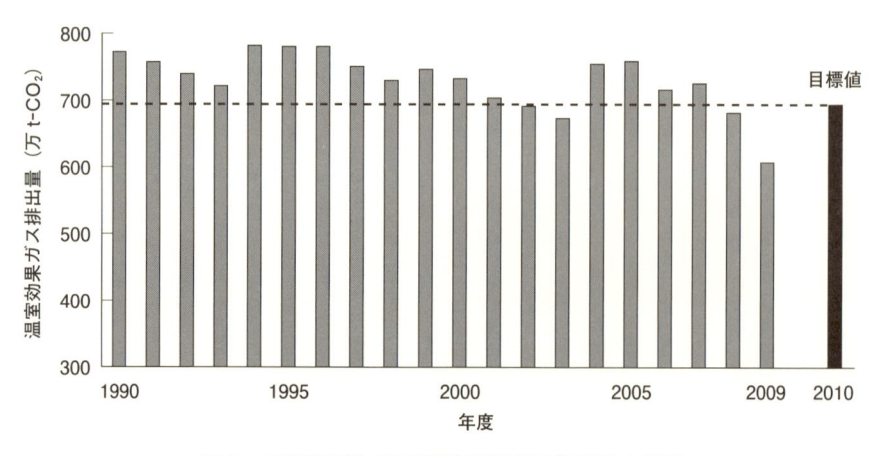

図1　京都市域からの温室効果ガス排出量の推移

2009年度に実際に排出した温室効果ガス量は618万tで、基準年と比べ153万t、19.9％減少し、前年の2008年度と比べると75万t、10.8％減少しています。2008年度から大きく減少したのは、全温室効果ガス排出量の約95％を占めている二酸化炭素の排出量が75万t減少したためであり、このような大幅な減少は、表1にもみられるように、2008年度後半の金融危機に伴う景気低迷の影響を受け各部門のエネルギー需要が減少し、また電気の排出係数が改善したことなどが要因として挙げられます。

表1　2009年度の部門別の$CO_2$排出状況

| 部門 | 排出量 | 増減 | 主な増減理由 |
|---|---|---|---|
| 産業部門（工場等） | 93.9万t | 基準年比 51.8％減少<br>前年度比 11.3％減少 | 燃料転換、製造品出荷額の減少<br>電気の排出係数の改善 |
| 運輸部門（自動車・鉄道） | 153.6万t | 基準年比 22.1％減少<br>前年度比 7.2％減少 | 平均燃費の向上<br>貨物輸送量の減少 |
| 民生・家庭部門 | 164.5万t | 基準年比 5.9％増加<br>前年度比 13.0％減少 | 世帯数の増加<br>電気の排出係数の改善<br>夏季平均気温の低下 |
| 民生・業務部門（商業・サービス・事務所等） | 154.4万t | 基準年比 1.9％増加<br>前年度比 12.3％減少 | 課税床面積等の増加<br>電気の排出係数の改善 |

　京都市域における、部門別の二酸化炭素排出量の推移を図2に示しました。産業部門では基準年である1990年の195万tをピークに、また運輸部門では1996年の217万tをピークに減少し、現在は基準年の排出量を大きく下回っています。一方、民生・家庭部門および民生・業務部門は、基準年から大幅に増加し、一旦、高止まりのあと、2007年度から減少傾向にあります。

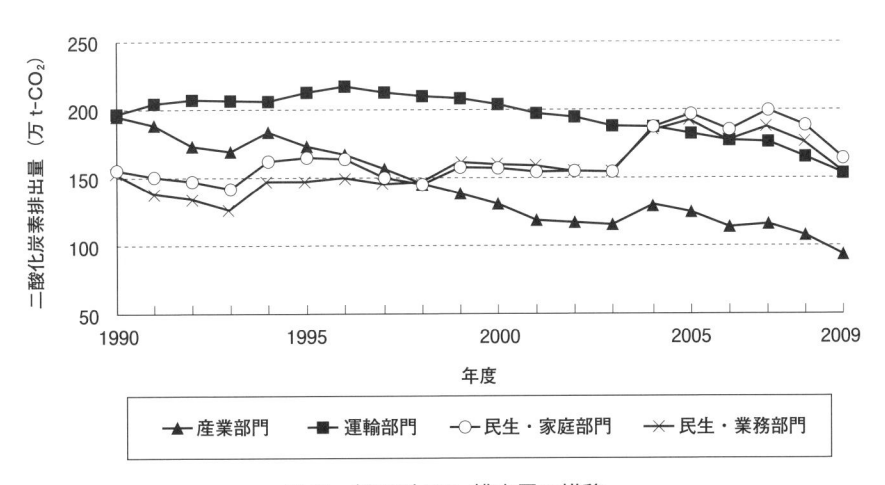

図2　部門別$CO_2$排出量の推移

## Q22 東日本大震災後の $CO_2$ 排出量にはどのような変化がありますか？

　平成23年3月11日14時46分、三陸沖130kmの海底を震源とするマグニチュード9.0の大地震が発生し、この地震に伴い最大波高が約10mに達する大津波が発生しました。東日本大震災による死者行方不明者は約2万人に達し、電気・水道・ガス・交通網・情報網などのインフラは寸断され、家屋の全半壊は35万戸を越えるなど、甚大な被害をもたらしました。

　また、地震と津波の被害を受けた東京電力福島第一原子力発電所では、全電源を喪失し炉心冷却ができなくなり、大量の放射性物質が漏えいする重大な原子炉災害へと発展しました。放射能汚染問題は長期化するものと考えられます。

　東日本大震災により、原子力発電所とともに多くの火力発電所も被害を受け、震災直後には東京電力と東北電力では合わせて約2,000万kW（東電の2010年における最大電力は4922万kW）が発電できなくなりました。その後電力不足対策として、休眠発電所の復活や発電所の増設、電力企業内での融通などを行い、電力供給に努める一方、各電力会社は大口需要家を中心に節電の要請を出しました。

　原子力発電所での発電では化石燃料を用いないことから、発電段階では $CO_2$ を排出しません。1986年のチェルノブイリ原発事故以来原子力に否定的であった国々も、地球温暖化における $CO_2$ 問題を受け、21世紀に入り原子力への依存度を強める傾向にあり、わが国でも「原子力の平和利用」から「原子力立国計画」へと転換し、電力需要の約30％を原子力に依存しています。

　東日本大震災に伴う福島第一原子力発電所事故により、原子力の安全性についての信頼が大きく崩れました。そのため、13カ月ごとに行う原子力発電所の定期点検後の再稼働が認められず、Q49の図1にもみられるように運転中の発電所数は月々減少し、2012年4月にはすべての原子炉が運転を停止します。原子力発電所の停止に伴う電力の不足分は、節電や火力発電所での発電に依存しなければなりません。大震災によりエネルギー供給方式やエネルギー使用状況が大きく変わることから、$CO_2$ 排出量も大きな影響を受けることは否めません。

　国のエネルギー政策が未定、関連データが不十分など、不確定要素が多々ありますが、考えられる大震災に伴う $CO_2$ 増加要因と減少要因を図1にまとめました。増加要因としては原子力から火力への転換、ならびにQ15で述べた破壊された都市や生活、財産等の復旧などが、一方減少要因としては、節電への取り組み、環境意識の向上、再生可能エネルギーの導入・拡大などが考えられます。

　大震災後の原子力から火力への転換の様子は、図2の燃料別燃料消費量の推移にみられるように、大震災以後石油を中心に化石燃料が増加しています。一方、減少要因の節電の取り組みなどについては、図3に示した2011年4〜9月の対前年同期比として表した電力需要減少率にみることができます。減少率は、東北電力や東京電力地域で特に大きく、また業務用で大きいことがわかります。

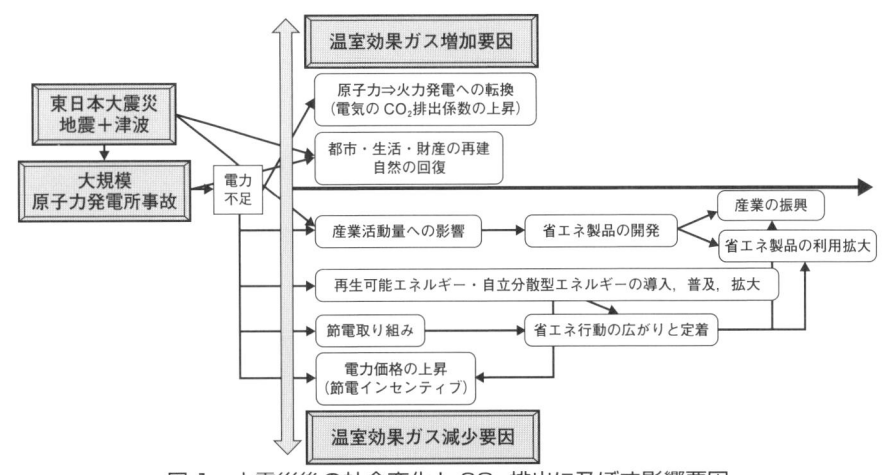

図1 大震災後の社会変化と$CO_2$排出に及ぼす影響要因
[滋賀県低炭素社会づくり推進計画より作成]

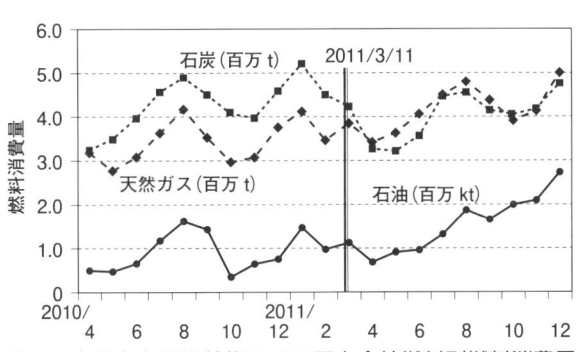

図2 東日本大震災前後の10電力会社燃料別燃料消費量
[電気事業連合会HP、発受電速報より作成]

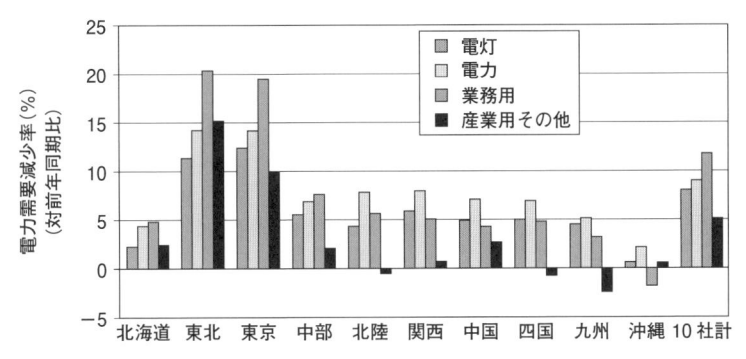

図3 2011年度4～9月の電力需要実績（対前年同期減少比）
[電気事業連合会HP、電力需要実績より作成]

世界や日本の$CO_2$の排出状況はどのようでしょうか？

## 【☕ ティータイム：各国の家畜事情】

羊のげっぷで地球も温暖化？

　京都議定書では牛や羊などの家畜のげっぷや排せつ物処理による $CH_4$ や $N_2O$ 排出量も計算しています。各国の報告書をみてみると家畜といっても国によってさまざまな特色があることがわかります。例えば、いくつかの国は「うさぎ」や「ダチョウ」といった日本では家畜としてあまりお目にかかることができない動物も計算に入っています。さらに、オーストラリアでは「エミュー」を、サンタクロースで有名なフィンランドでは「トナカイ」を、ロシアでは「ミンク」、「キツネ」、「ヌートリア」といった毛皮となる家畜からの排出量を算定しています。なお、日本における家畜由来の排出量は国の総排出量のわずか1％ですが、ニュージーランドでは人口400万人に対して羊が4000万頭、牛が1000万頭、鹿が200万頭飼われているため、国の総排出量の約50％が家畜由来の排出量となっています。

# 第4章

## $CO_2$排出削減のため どのような取り組みが なされているのでしょうか？

## Q23 CO₂ 排出削減のためにはどのような取り組みがありますか？

　$CO_2$ の排出はそのほとんどが化石燃料の使用に伴い発生するものであることから、$CO_2$ 削減はエネルギー対策にほかならず、その第一歩は図1に示したように、無駄なエネルギーの消費をなくす「減エネルギー」にあります。ここで減エネルギーとは、不要なエネルギーの使用を極力なくすことを意味し、通常は省エネの一手段とされていますが、あえて「省エネ技術」と区別し新たに定義しました。減エネルギーに続く対策としては、技術的対策と地球規模から個人規模に至る各種政策的対策があります。$CO_2$ 削減のための技術的対策、政策的対策の具体例を表1に示しました。

　技術的対策には、エネルギー供給の高効率化、省エネルギー技術の向上、再生エネルギー利用の推進、$CO_2$ 固定化などがあります。技術的対策の詳細については、Q34 を参照してください。

　また、地球温暖化問題を解決するためには、開発途上国をも含めた国際的な枠組みでの対策が不可欠であり、気候変動枠組条約締約国会議（COP）を中心に、$CO_2$ 削減のための国際的対策に取り組んでいます。国際的取り組みの詳細については、Q24 ～ Q27 を参照してください。

　わが国では、技術的および政策的対策を推進することにより、社会全体で $CO_2$ の排出量を減少させる「低炭素社会の構築」が重要であるとの考えに基づき、2008 年 7 月に「低炭素社会づくり行動計画」を閣議決定しました。図2にその概要を示しました。国の行動計画は 3 つの柱：①革新的技術開発、既存先進技術の普及、②国全体を低炭素化へ動かす仕組み、③地方、国民の取り組みの支援からなり、各々具体的課題が掲げられています。①の先進技術の普及の具体的課題の 1 つに原子力発電の推進があります。原子力発電は、発電に際して $CO_2$ の排出がないことから、$CO_2$ 削減の重要な対策の 1 つとして、世界の動向と同様にわが国においても、2006 年に「原子力立国」へと原子力利用の推進を一段と高めました。しかしながら、東日本大震災に伴い大規模な原子炉事故が引き起こされたことから、今後のエネルギー政策の中で、推進方針の見直しは避けられず、すでにドイ

```
        減エネルギー
    エネルギー消費の見直し＝無駄をなくす          減エネルギー：本来必要の
                                            ない無駄なエネルギー消費
                                            をなくすこと。省エネ技術
                                            と区別し、新たに定義。

  技術的対策                  政策的対策
  ・省エネルギー技術開発        ・地球規模：人口の抑制、文化的意識の変革
  ・新エネルギー開発            ・国〜地方規模：物流システム、循環型社会
  ・$CO_2$ 固定化技術開発       ・地域〜個人規模：ライフスタイルの改善
```

図1　エネルギー削減＝ $CO_2$ 削減のための対策

ツやイタリアなど、世界的にも原子力発電抑制への方針転換が行われています。
　国の行動計画と同様に、各都道府県、市町村でも実行計画を策定し$CO_2$削減に取り組んでいます。それらの一例については、Q28〜Q33を参照してください。さらに、産業界においても、$CO_2$削減のための自主行動計画を策定し、エネルギー効率の向上をはじめとした各種取り組みが行われています。それらの一例については、Q38〜Q42を参照してください。

表1　$CO_2$削減のための技術的対策、政策的対策の具体例

| | $CO_2$削減対策 | 関連する具体的な対策例 |
|---|---|---|
| 基本 | 減エネルギー | 不必要なエネルギー消費をなくす |
| 技術的対策 | エネルギー供給 | 各種エネルギー源の効率改善、GHG低排出エネルギー源への転換、スマートグリッドの導入 |
| | 原子力発電の活用 | 安全を大前提とした原子力発電の利用 |
| | 再生エネルギー | 太陽光発電、風力発電、地熱発電、太陽熱利用等の開発・効率の改善・利用促進 |
| | エネルギー貯蔵 | 大容量・高効率電池の開発、燃料電池、揚水発電 |
| | 省エネルギー技術 | 排熱・排エネルギーの再利用、トップランナー方式、省エネラベリング制度、ESCO事業の活用、$CO_2$排出量の見える化、エネルギー管理（BEMS、HEMS） |
| | 運輸動力源の改善 | 動力源の転換、効率の向上、電気自動車、ハイブリッド車、バイオディーゼル、バイオエタノール |
| | 炭素の固定 | 林業の適正管理、新規植林、森林伐採量の抑制、$CO_2$回収貯留（CCS） |
| 政策的対策 | 枠組み | 気候変動枠組条約、締約国会議COP、京都議定書、ポスト京都、IPCC |
| | 国際協力 | 人口抑制、文化的意識の変革、情報提供・技術供与・資金援助、排出権取引、クリーン開発メカニズム |
| | 国や地方自治体の施策 | 温暖化関連の法・指針・条例等の制定、低炭素社会の構築、環境税、国内排出量取引、排出量・吸収量の算定 |
| | 循環型社会の構築 | 容器等各種リサイクル法の制定、3R（Reduce, Reuse, Recycle）の推進、資源の保全→エネルギー使用量を削減 |
| | 社会システムの変革 | 運輸・交通対策、物流対策、モーダルシフト、燃費の高い車の普及促進、24時間型社会からの脱皮 |
| | 生活様式の改善 | 節電、節水、消費電力の小さい製品の利用、自転車・公共交通機関の利用、3Rの推進、地産地消、太陽光発電・熱利用等の導入、見える化、カーボン・オフセット制度 |

**日本の目標**
- 長期目標　2050年までに現状から温室効果ガスを60〜80%削減
- 中期目標　2009年に日本の総量目標を発表
- 国際支援　5年間累計100億ドルの資金提供

**行動の内容**

| 革新的技術開発、既存先進技術の普及 | 国全体を低炭素化へ動かす仕組み | 地方、国民の取り組みの支援 |
|---|---|---|
| 1) 二酸化炭素回収貯留技術<br>2) 革新的太陽光発電<br>3) 次世代自動車<br>4) 省エネ機器・ランプ・住宅<br>5) 原子力の推進、　など | 1) 排出量取引<br>2) 税制のグリーン化<br>　（GHG排出を抑制する誘因）<br>3) 排出量等の可視化<br>4) 環境ビジネスへの資金誘導 | 1) 農林水産業での低炭素化<br>2) 低炭素型都市や地域造り<br>3) 革新的太陽光発電<br>4) 環境教育<br>5) 国民運動 |

図2　日本の「低炭素社会づくり行動計画」概要
［平成21年度版環境・循環型社会・生物多様性白書より作成］

## Q24　$CO_2$ 削減への国際的な取り組みとしては何がありますか？

　地球温暖化防止のための温室効果ガス削減への最も重要な国際的な取り組みは、気候変動枠組条約（UNFCCC）と京都議定書です。気候変動枠組条約は、IPCC（気候変動に関する政府間パネル）が地球温暖化の警告を行った第1次評価報告書を受けて、1992年に採択されました。その後、同年にリオデジャネイロで開催された国連環境会議（地球サミット）で各国の署名が開始され、1994年に発効に至りました。その発効を受けて、翌年1995年には第1回の国連気候変動枠組条約締約国会議（COP）が開催されました。その後、COPはさまざまな国で毎年開催されており、京都で開催された第3回締約国会議（COP3）では京都議定書が議決されました。京都議定書は2005年に発効になり、現在は京都議定書の第1約束期間である2008～2012年に入っています。また、ここ数年のCOPにおいては、第1約束期間後の次期約束期間についての話し合いが行われています。2011年に南アフリカのダーバンで開催されたCOP17では、2013年以降の京都議定書の延長（第2約束期間の実施）を決定するとともに、京都議定書を離脱しているアメリカや京都議定書では排出削減目標がない中国などの発展途上国も参加する新たな枠組みについて2015年までに採択し、2020年からの発効を目指すことに合意しました。しかし、アメリカや中国といった排出大国が削減目標をもたない京都議定書の延長期間（第2約束期間）に関しては、日本、ロシア、カナダが不参加の姿勢を示しています（2011年末現在）。京都議定書における各国の動向と新たな枠組みをまとめると図1に示すようになります。

　気候変動枠組条約および京都議定書と別の取り組みとして、「クリーン開発と気候に関するアジア太平洋パートナーシップ（APP）」があります。このAPPでは、①アルミニウム、②よりクリーンな化石エネルギー、③石炭鉱業、④再生可能エネルギーと分散型電源、⑤セメント、⑥建物および電気機器、⑦発電および送電、⑧鉄鋼、の8つのタスクフォースを設立し、クリーンで効率的なエネルギー技術の開発、普及、移転を行うことによって温室効果ガス排出量の削減などを効果的に推進することを目的としており、アジア太平洋地域に位置する日本、オーストラリア、カナダ、中国、インド、日本、韓国、アメリカの7カ国が参加しています。

　また、気候変動枠組条約に関連する取り組みとして、2009年にコペンハーゲンで開催されたCOP15では、「グローバル・リサーチ・アライアンス（GRA）」が設立されています。これは農業分野の温室効果ガス関係の国際研究・排出量削減を推進するための研究ネットワークであり、図2に示すように、水田・畑作・畜産の3つの研究グループと炭素窒素循環・インベントリの2つの分野にまたがる横断的ワーキンググループを設置しています。2011年11月時点で32カ国が参加しています。

表1　気候変動枠組条約と京都議定書に関連する主な動き

| 年 | 出来事 |
|---|---|
| 1988年 | 気候変動に関する政府間パネル（IPCC）設立 |
| 1990年 | IPCC第1次評価報告書発表 |
| 1992年 | 気候変動枠組条約（UNFCCC）採択 |
| 1994年 | 気候変動枠組条約発効 |
| 1995年 | 気候変動枠組条約第1回締約国会議（COP1）開催 |
| 1995年 | IPCC第2次評価報告書発表 |
| 1997年 | COP3（京都）開催、京都議定書採択 |
| 2001年 | IPCC第3次評価報告書発表 |
| 2005年 | 京都議定書発効 |
| 2007年 | IPCC第4次評価報告書発表 |
| 2008年〜2012年 | 京都議定書の第1約束期間 |
| 2009年 | COP15（コペンハーゲン）開催 |
| 2011年 | COP17（ダーバン（南アフリカ））開催 |

※2011年末現在

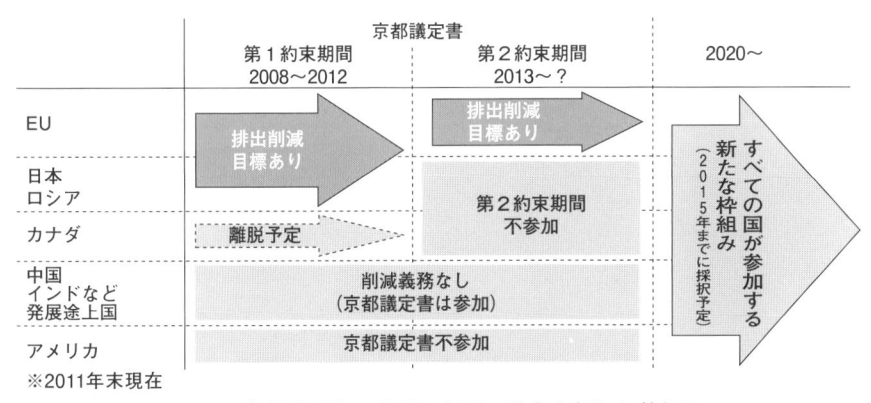

図1　京都議定書における各国の動向と新たな枠組み

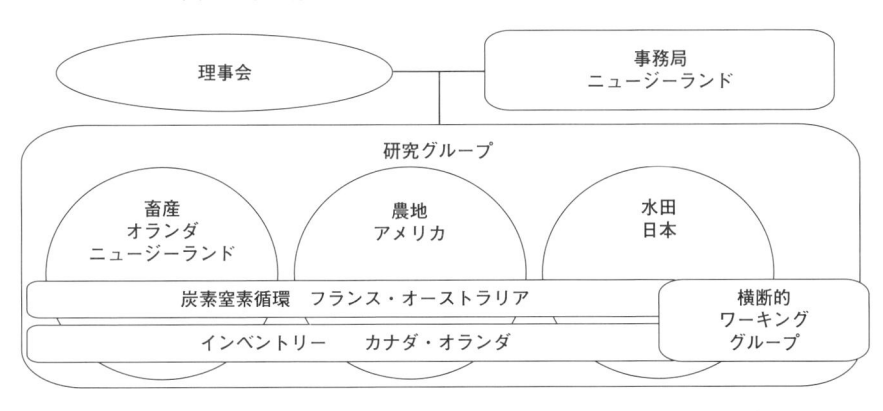

図2　グローバル・リサーチ・アライアンス（GRA）の組織構成とコーディネート国
[農業技術環境研究所「農業と環境 No.134」より]

## Q25 IPCCはどのような組織でどんな活動をしていますか？

　IPCCとはIntergovenmental Panel on Climate Change（気候変動に関する政府間パネル）の略であり、UNEP（国連環境計画）とWMO（世界気象機関）により1988年11月に設置された国際的な組織で、気候変動に係わる①科学的評価、②影響評価、③対応戦略の評価の3分野を対象とした活動を行っています。パネルとは集団を意味し、ここでは学識経験者の集まりのことです。現在194カ国が参加し、その組織は図1に示したように、議長、副議長、3つの作業部会および温室効果ガス目録に関するタスクフォースにより構成されています。IPCCは、各国の政府から推薦された科学者が、専門家による査読を受けて公表されている気候変動に関わる最新の科学、技術、社会・経済的知見に関する論文を再査読・評価して、政治家などの政策決定者が政策を立案する場合に、正確かつ中立な科学的情報を提供することを目的としています。IPCC自体が新たに研究を行ったり気候変動のデータを計測しているわけではありません。なお、IPCCの活動に関する意思決定は、参加各国の政府代表者が出席する総会において全会一致で行われます。

　国際的合意を得たIPCCの活動は、主に評価報告書として数年おきに発行され、1990年にはその第1次評価報告書がまとめられ、「人為起源の温室効果ガスがこのまま大気中に排出されると、生態系や人類に重大な影響を及ぼす気候変化が生じる恐れがある」との警告が出されました。その後1995年に第2次評価報告書、2001年に第3次評価報告書、2007年に第4次評価報告書が発行されています。第2次評価報告書は1997年の京都議定書の採択に重要な役割を果たしました。第4次評価報告書では、観測された温暖化とその影響との関係について、評価の信頼性が向上し、「世界各地での観測データから気候システムの温暖化には疑う余地がなく、20世紀半ば以降の世界平均気温の上昇の大部分は、人間活動による温室効果ガスの増加によってもたらされた可能性が非常に高い」との判断がなされています。図2は、気候変動に関係する種々の要因について、それぞれの温暖化効果を放射強制力と呼ばれる値で示したものです。人為起源の$CO_2$が最も大きく温暖化に寄与している一方で、エアロゾルと呼ばれる微粒子は、地球を冷やす作用をもつものの、その推定値の精度は低く大きな幅があります。また、気候モデルと世界の将来社会像を組み合わせたシミュレーションによ

る2100年までの温暖化の影響予測の評価を行っています（Q3参照）。

IPCCは、人間活動が引き起こした気候変動に関する広範囲な知識を集積・普及させ、その対応策の礎を築いたことが評価され、地球温暖化問題に取り組んできたアル・ゴア米国元副大統領とともに2007年にノーベル平和賞を受賞しています。

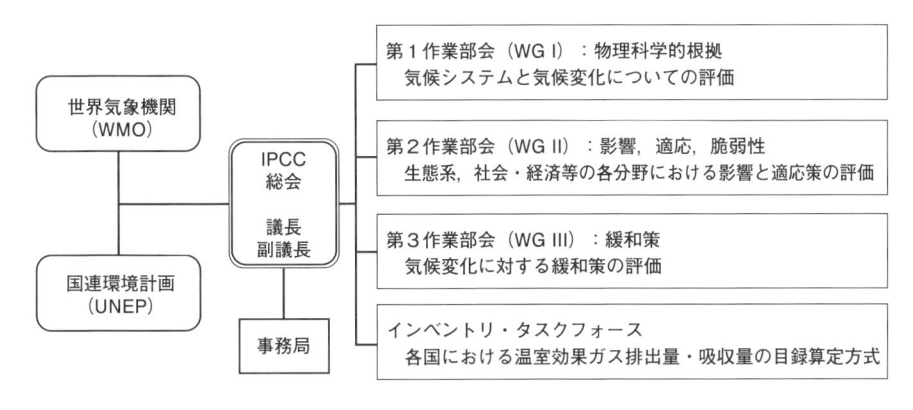

図1　IPCCの組織

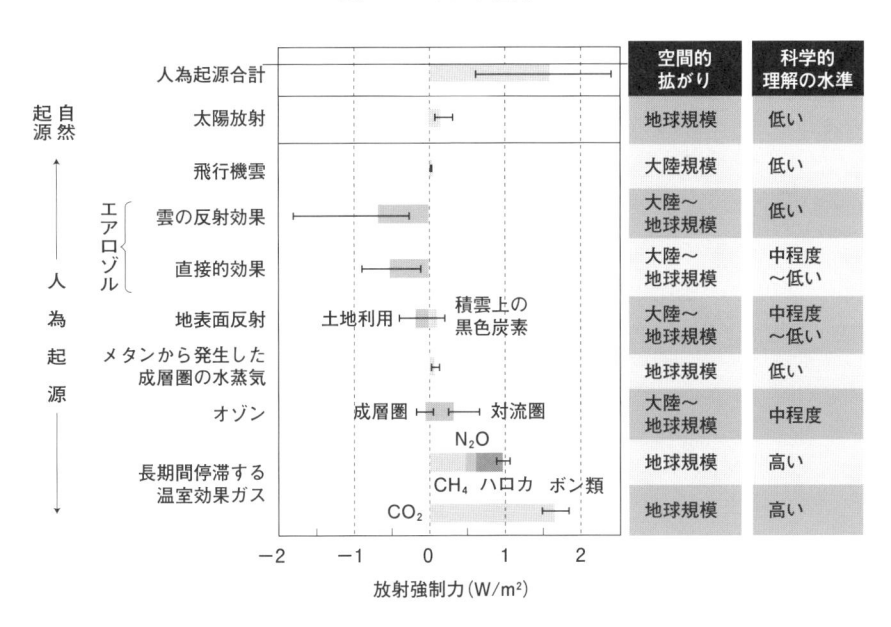

図2　1750年と比較した2005年における全球平均放射強制力の推定値と範囲
[IPCC第4次評価報告書より作成]

## Q26 京都議定書とはどのようなものですか？

　1991年に地球温暖化防止を目的とした気候変動に関する国際連合気候変動枠組条約（UNFCCC）交渉が始まり、1992年ブラジルで開かれた国連環境開発会議（地球サミット）で各国の署名が開始され、21世紀に向けた具体的な行動計画である「アジェンダ21」が採択されました。UNFCCCは1994年に発効し、この条約に基づく最高意思決定機関として、気候変動枠組条約締約国会議（Conference of the Parties：COP）が1995年から毎年開催されています。1997年12月に京都で第3回締約国会議（COP3）が開催され、ここで議決された調印文書が京都議定書（Kyoto Protocol）です。京都議定書の要点を表1に示しましたが、法的拘束力のある温室効果ガス削減の数値目標を先進国に設定し、それを達成するための制度や仕組みを定めたことは特筆すべきことです。

　議定書が発効するためには、(1) 55カ国以上が批准すること、(2) 議定書を批准した先進国（附属書Ⅰ締約国）全体の$CO_2$排出量が、全附属書Ⅰ国の総排出量の55％以上であること、の条件が必要でした。しかし、当時温室効果ガスの最大排出国であった米国が離脱したのに加え、先進国で2番目に排出量の多いロシアの参入が遅れたために、京都議定書が発効したのは7年以上も過ぎた2005年2月16日でした。なお、2011年3月現在、192カ国・地域が京都議定書を批准しています。

　各国の2009年における温室効果ガス排出状況は、近年の先進国における経済状態の低迷によるエネルギー需要の減少を反映して、世界全体で前年より減少しましたが、2010年には再び増加に転じました。なお、2011年3月の福島第一原子力発電所事故による火力発電所等の発電量の増加によって、わが国では当面$CO_2$排出量の増加が予想され、京都議定書の目標値達成が危ぶまれています。

　京都議定書は、地球温暖化問題に対する国際社会の取り組みの第一歩として評価されていますが、米国の離脱や現在$CO_2$の世界最大排出国の中国や第3位のインドなどの発展途上国は削減義務を負わないこと、長期的対策が必要な地球温暖化問題では2008年から5年間の短期的対応では解決は困難、など多くの問題点も抱えています。京都議定書の枠組みは2012年で期限が切れるため、京都議定書を延長するのか、米国や中国をなどの主要排出国を加えた2013年以後の新たな温室効果ガス削減の国際的枠組みを作成するかについて2009年コペンハーゲンで開催されたCOP15、2010年メキシコのカンクンで開催されたCOP16で協議が続けられてきました。COP15では、産業革命前からの地球の気温上昇を2℃

以下に抑制すること、先進国は 2020 年までの温室効果ガス削減目標を提示すること、新興・途上国は削減行動計画を策定し、国際的に評価・検証する枠組みをつくることなどに留意することに合意しました。COP16 では、コペンハーゲン合意の内容を正式に決定し、2011 年に南アフリカのダーバンで開かれた COP17 では京都議定書を 5 年または 8 年間延長し、2015 年までにすべての国を含む新たな法的枠組みをつくり、2020 年から発効させることが決まりました（Q24 参照）。この結果、2013 年以降削減義務を負う国は図 1 に示したように EU15 カ国などわずかで、日本は自主的な削減目標をあげて取り組むことになります。

表 1　京都議定書の要点

| | |
|---|---|
| (1) | 京都議定書：気候変動枠組条約第 3 回締約国会議（COP3） 1997 年 12 月開催、2005 年 2 月 16 日発効 |
| (2) | 内容：先進国の温室効果ガス排出量について、法的拘束力のある削減のための数値目標を国別に設定、ただし、主要排出国である中国やインドなどを含めた発展途上国には削減義務なし |
| (3) | 対象温室効果ガス：二酸化炭素（$CO_2$）、メタン（$CH_4$）、一酸化二窒素（$N_2O$）、HFCs（ハイドロフルオロカーボン類）、PFCs（パーフルオロカーボン類）、六フッ化硫黄（$SF_6$） |
| (4) | 基準年：1990 年（HFC、PFC、$SF_6$ は 1995 年としてもよい） |
| (5) | 第 1 次約束期間：2008～2012 年（温室効果ガス排出量を 1990 年比で一定量削減） |
| (6) | 目標レベル：国別差異化方式、温室効果ガス排出量を先進国全体（附属書 I 締結国）で 1990 年より少なくとも 5％削減（日本 6％、米国 7％、EU15 カ国で 8％削減など） |
| (7) | 吸収源：森林などの吸収源による温室効果ガス吸収量の算入が可能 |
| (8) | 国際協調（京都メカニズム）：排出量取引、クリーン開発メカニズム、共同実施など導入 |
| (9) | 課題：世界の排出量の 20％を占める米国の離脱、数値目標を課せられた締約国の総排出量は世界の約 30％で削減量は 1990 年の世界の総排出量のわずか 2％ |

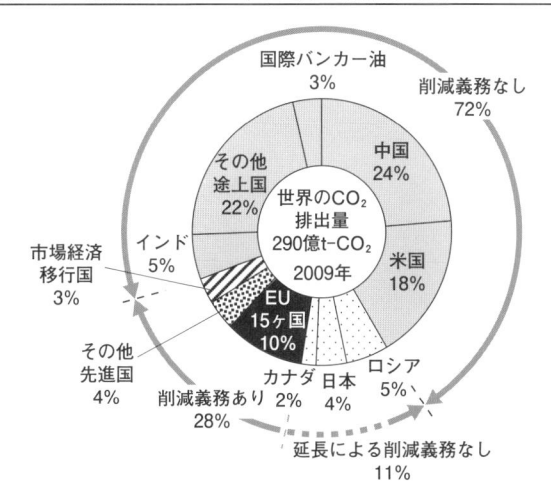

図 1　燃料燃焼に伴う $CO_2$ 排出状況（2009 年）と京都議定書の削減義務国の占める割合
[IEA, $CO_2$ EMISSIONS FROM FUEL COMBUSTION Highlights 2011 Edition データより作成]

## Q27 日本以外の国でのCO₂の削減対策はどのような状況ですか？

　京都議定書では、附属書Ⅰ国の先進国やロシアおよび東欧諸国に対しては、温室効果ガス排出量の削減目標値が定められており、日本は1990年の排出量に対し6％削減、EU15カ国は8％削減、ロシアは削減量なしの0％などとなっています。ただし、EU15カ国内では再配分されており、ドイツが21％、イギリスが12.5％の削減などとなっています。図1は京都議定書第1約束期間の達成目標値と2009年時点の達成状況を示したものです。2009年は先進国を中心として金融危機の影響を受けたため、排出量が減少した年でした。2009年現在で排出量を減少させ、森林吸収源などと京都メカニズムを含まずに目標達成レベルにあるのは、市場経済移行国のロシアおよび東欧諸国とEUのドイツ、イギリス、フランス、スウェーデンなどです。また、EU15カ国全体でも達成レベル以上の削減を果たしています。

　それでは、各国の温室効果ガス削減対策をみていきます。

　まず、EUについては、各国の対策だけではなく、EU全体での排出量削減対策があります。その中でも注目すべき対策として「欧州排出量取引制度（EU-ETS）」が挙げられます。この制度はEU加盟国にある1万カ所以上の発電設備や生産設備など大規模施設が対象となっており、それぞれの施設に対してCO₂排出枠を設定し、その枠以下に排出量を抑えた場合には余った分を売るといった取引が可能な制度となっています。

　次に、大幅に温室効果ガス排出量を削減しているドイツですが、削減の最も大きな要因は電力部門で石炭火力発電の効率を改善したこと、石炭から天然ガスへ燃料を切り替えたことが挙げられます。また、再生可能エネルギーによる発電にも力を入れており、電力供給に占める再生可能エネルギーの割合を2010年までに12.5％、2020年までに20％にするという目標を立てています。注目すべき点としては、風力発電と太陽光発電で世界を牽引していることが挙げられます。2009年時点の発電設備容量は、表1に示したように風力発電が世界第3位、太陽光発電が世界第1位となっています（Q36参照）。この背景には、再生エネルギーで生産された電力の固定価格買取制度（フィード・イン・タリフ、FIT）を2004年に導入したことが挙げられます。なお、日本において2011年8月に制定された再生可能エネルギーの固定価格買取制度は、ドイツなどにおける実績を踏まえて制定されたものです。また、1990年以降の運輸部門のCO₂排出量に関して、先進各国は増加傾向にあるものの、ドイツは減少させている数少ない国です。その要因として挙げられるのはバイオ燃料の利用増加、自動車の燃費改善、鉄道網の利用促進などが挙げられます。

　スウェーデンは、国内に存在する豊富な森林資源であるバイオマスを利用してCO₂を削減しています。従来は多くの家庭で燃料として石油を使っていました

が、現在ではバイオマスを用いています。また、1990年初頭には、他の国に先駆けて環境税を導入した国でもあります。

イギリスは石炭火力発電から天然ガス火力発電へ燃料転換することにより大幅に排出量を削減しました。また、「2008年気候変動法」において「2050年までに温室効果ガスを1990年比で80%削減する」ことを明記しました。これは気候変動に対応するために長期にわたり拘束力をもつ世界で初めての法律です。

アメリカは京都議定書を批准しませんでしたが、$CO_2$削減に関する政策を取り組んでいないわけではありません。アメリカでは、国よりも州による政策が進んでいるケースも多く、例えばカリフォルニア州では、①運輸部門の規制、②エネルギー効率の向上、③エネルギー供給部門の脱化石燃料化、を基軸とした温室効果ガス削減政策を実施しています。

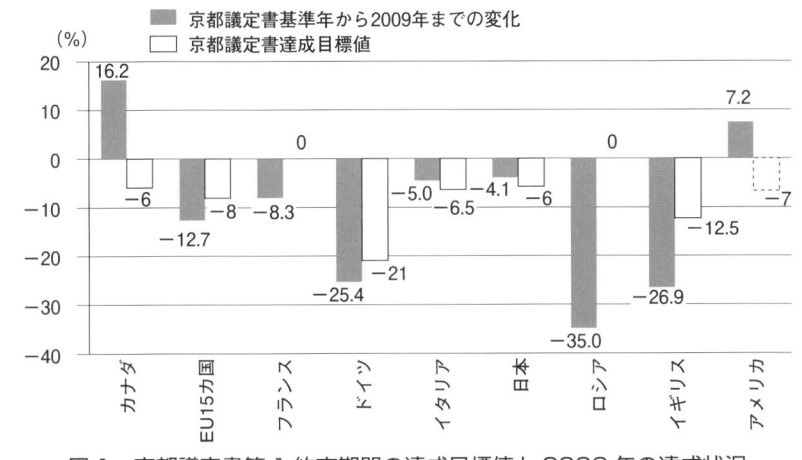

図1 京都議定書第1約束期間の達成目標値と2009年の達成状況

凡例：
- 京都議定書基準年から2009年までの変化
- 京都議定書達成目標値

| 国 | 基準年からの変化(%) | 達成目標値(%) |
|---|---|---|
| カナダ | 16.2 | −6 |
| EU15カ国 | −12.7 | −8 |
| フランス | −8.3 | 0 |
| ドイツ | −25.4 | −21 |
| イタリア | −5.0 | −6.5 |
| 日本 | −4.1 | −6 |
| ロシア | −35.0 | 0 |
| イギリス | −26.9 | −12.5 |
| アメリカ | 7.2 | −7 |

[国立環境研究所 GIO HP より作成]

表1 2009年における各国の風力発電、太陽光発電の施設設備容量

| 順位 | 国名 | 風力発電施設設備容量（万kW） | 国名 | 太陽光発電施設設備容量（万kW） |
|---|---|---|---|---|
| 1 | アメリカ | 3,516 | ドイツ | 967.7 |
| 2 | 中国 | 2,585 | スペイン | 342.3 |
| 3 | ドイツ | 2,581 | 日本 | 262.8 |
| 4 | スペイン | 1,878 | アメリカ | 164.6 |
| 5 | インド | 1,083 | イタリア | 118.8 |
| 6 | イタリア | 485 | 韓国 | 52.6 |
| 7 | フランス | 478 | チェコ | 46.5 |
| 8 | イギリス | 434 | フランス | 36.5 |
| 9 | ポルトガル | 347 | ベルギー | 36.3 |
| 10 | デンマーク | 341 | 中国 | 30.5 |
| 13 | 日本 | 221 | - | - |
|  | 世界計 | 16,008 | 世界計 | 2,292.9 |

[World Wind Energy Association HP より作成]

## Q28 国の削減対策にはどのようなものがありますか？

　わが国の地球温暖化対策としては、これまでに地球温暖化防止行動計画（1990年）、地球温暖化対策に関する基本方針（1999年）、地球温暖化対策推進大綱（1998年、2002年）が定められ、また法律としては、1998年に制定された地球温暖化対策の推進に関する法律（地球温暖化対策推進法）があります。この法律では、①京都議定書目標達成計画の策定、②国民の取り組みを強化するための措置、③温室効果ガス排出量算定・報告・公表制度、などが定められています。2005年2月に京都議定書が発効し、法的拘束力をもつ「温室効果ガス排出量を1990年比で6％削減」を達成させるために、2005年4月に「京都議定書目標達成計画」が策定されました。その後2008年3月に改定が加えられ、①自主行動計画の推進、②住宅・建築物の省エネ性能の向上、③トップランナー機器対策、④自動車燃費の改善の対策が追加されました。6％削減の目標達成のための対策と施策の概要を表1に示しました。

　2009年9月の国連気候変動サミットにおいて、当時の鳩山由紀夫首相は、温室効果ガス排出量を2020年に1990年比で25％削減するとの目標を表明しました。これをうけて、国は2010年1月に、「2020年までに1990年比で25％温室効果ガスを削減する」との中期目標をコペンハーゲン合意（Q26参照）に基づき、国連気候変動枠組条約事務局に報告しました。ただし、すべての主要国による公平かつ実効性ある国際的枠組みの構築と目標の合意を前提条件としています。また、2009年11月には、気候変動交渉に関する日米共同メッセージとして、2050年までに自らの排出量を80％削減することを目指すとともに、同年までに世界全体の排出量を半減するとの目標を支持する、との発表をしています。

　こうした中長期の温室効果ガスの排出削減目標を実現するための対策・施策の具体的な姿について検討するため、環境省の中央環境審議会地球環境部会に中長期ロードマップ小委員会が2010年4月に設置され、2050年80％削減、またその途上にある2020年25％削減の達成に向け、ものづくり、住宅・建築物、自動車、地域づくり、農山漁村、エネルギー供給の分野について検討が行われています。

　さらに、地球温暖化対策に関し、基本原則を定めるとともに国および地方公共団体の責務等を明らかにし、温室効果ガスの排出量削減に関する上記の中長期的な目標を設定し、その目標を達成することを目的とした地球温暖化対策基本法が2010年3月に閣議決定され、現在衆議院において審議されています。なおこの基本法では、再生可能エネルギーの全量固定価格買取制度や国内における温室効果ガス排出量取引制度、$CO_2$の排出量に応じて税金をかける環境税の創設、などが含まれる予定です。その基本的施策を表2に示しました。

　なお、これとは別に2010年に施行された、エネルギー・環境分野の新産業育成のための低炭素投資促進法案や、2011年に成立した、電気事業者による再生可能エネルギー電気の調達に関する特別措置法（再生可能エネルギーの固定価格買取制度）、なども$CO_2$排出削減に寄与するものです。

表1　京都議定書目標達成計画における対策と施策

1. 温室効果ガスごとの対策・施策
   (1) 温室効果ガス排出削減
     ① エネルギー起源$CO_2$：低炭素型の都市・地域構造や社会経済システムの形成、産業・民生・運輸等部門別の対策・施策
     ② 非エネルギー起源$CO_2$：混合セメントの利用拡大等
     ③ メタン：廃棄物最終処分量削減等
     ④ 一酸化二窒素：下水汚泥焼却施設における燃焼の高度化等
     ⑤ 代替フロン等3ガス：代替物質の開発等
   (2) 森林吸収源：健全な森林の整備、国民参加の美しい森林づくり等
   (3) 京都メカニズム：海外における排出削減事業の推進
2. 横断的施策
   (1) 温室効果ガス排出量の算定・報告・公表制度
   (2) 排出抑制等指針：事業用設備の選択・使用および日常生活用製品等製造における温室効果ガスの排出抑制と排出に関する情報の提供
   (3) 国民運動の展開：チャレンジ25キャンペーン、クールビズ
   (4) 見える化の推進：カーボンフットプリント制度の構築・普及
   (5) 公的機関の率先的取り組み：政府、地方自治体の温室効果ガス排出抑制等のための実行計画
   (6) 環境税等の経済的手法：エコカー減税など
   (7) 国内排出量取引制度：キャップ・アンド・トレード方式
       政府が温室効果ガス排出量の上限量（排出枠）の交付総量を定め、個々の事業者に排出量を割り当てると同時に、各主体間の排出枠の取引等により自らの排出量と同量の排出枠を確保することで削減義務を達成したとみなす制度
   (8) カーボン・オフセット：日常生活や企業活動等による温室効果ガス排出量のうち削減が困難な全部または一部を、他の場所で実現した温室効果ガス排出削減や森林吸収等で埋め合わせる活動
3. 基盤的施策
   (1) 排出量・吸収量の算定体制の改善等
   (2) 地球温暖化対策技術開発の推進
   (3) 観測・調査研究の推進

表2　地球温暖化対策基本法の基本的施策

| 地球温暖化対策のうち特に重要な具体的施策 | 地域づくり |
|---|---|
| ・国内排出量取引制度の創設<br>・地球温暖化対策のための税の平成23年度からの実施に向けた検討その他の税制全体のグリーン化<br>・再生可能エネルギーの全量固定価格買取制度の創設その他再生可能エネルギー利用の促進 | ・都市機能の集積等による地域社会の形成に関わる施策<br>・自動車の適正使用等による交通に関わる排出抑制<br>・森林の整備、緑化の推進等温室効果ガスの吸収作用の保全および強化 |

| 日々の暮らし | ものづくり |
|---|---|
| ・機械器具・建築物等の省エネの促進<br>・自発的な活動の促進<br>・教育および学習の振興<br>・排出量情報等の公表 | ・革新的な技術開発の推進<br>・機械器具・建築物等の省エネの促進<br>・温室効果ガスの排出量がより少ないエネルギーへの転換、化石燃料の有効利用の促進<br>・地球温暖化の防止等に資する新たな事業の創出・原子力に関わる施策<br>・地球温暖化への適応<br>・政策形成への民意の反映 |

| 国際協調等 | |
|---|---|
| ・国際的連携の確保<br>・技術・製品の提供等を通じた自国以外の排出抑制等への貢献を評価する仕組みの構築 | |

［平成22年版環境白書・循環型社会白書・生物多様性白書より作成］

## Q29 低炭素社会って何ですか？

　IPCCは、「人間が大量に排出する温室効果ガスにより、地球の気候全体が危機的影響を受けることを避けるためには、世界の平均気温の上昇を産業革命以前と比べ2℃以内に抑える必要がある」と警告しています。これを受け、2010年にメキシコのカンクンで開催されたCOP16では、気温上昇を2℃以内に抑えるために世界全体で温室効果ガスの排出量を大幅に削減する必要性について合意がなされました（Q26参照）。

　化石エネルギー消費による$CO_2$排出量を大幅に削減し、世界全体の排出量を自然界の吸収量と同程度にするためには、大量生産・大量消費・大量廃棄型社会を脱し、従来とはまったく異なる新たな経済・社会システムを世界が創造していかなければなりません。欧州では2000年頃からそのための研究が開始され、英国貿易産業省は2003年に「エネルギーの未来－低炭素社会の設立」と題したエネルギー白書を発表し、政策目標として2050年までに1990年比で$CO_2$排出量の約60％削減を掲げました。

　わが国では安倍晋三首相が2007年5月に行った地球温暖化対策に関する演説「美しい星50」で、「世界全体の排出量を現状に比して2050年までに半減する」という長期目標およびその実現に向けての「革新的技術の開発」とそれを中核とした「低炭素社会づくり」という長期ビジョンが示されました。2007年に閣議決定された21世紀環境立国戦略の中で、低炭素社会とは、「気候に悪影響を及ぼさない水準で大気中温室効果ガス濃度を安定化させると同時に、生活の豊かさを実感できる社会」と定義されています。2008年に環境省が公表した低炭素社会の基本理念は、(1) カーボン・ミニマム（$CO_2$排出量を最小化）、(2) 豊かさを実感できる簡素な暮らし（心の豊かさ、価値観の変革）、(3) 自然との共生、の3つの実現をうたっており、図1にみられるように持続可能な社会を実現するための3つの社会像の1つとして位置づけられています。

　日本の低炭素社会の具体像と実現の道筋を示す例として、環境省と英国環境・食糧・農林地域省による日英共同研究プロジェクト「低炭素社会の実現に向けた脱温暖化2050研究プロジェクト」があります。2050年の日本社会の姿を図2のように2通り設定してエネルギー需要量を推計し、省エネ技術の開発と選択、再生可能エネルギーなどの低炭素エネルギー源を利用すること等により、2050年には1990年比で$CO_2$を70％削減可能であることを示しています。図3は低炭素社会における都市のイメージ図で、社会を構成する交通、住宅、エネルギーが都市の規模によって異なることを示しています。

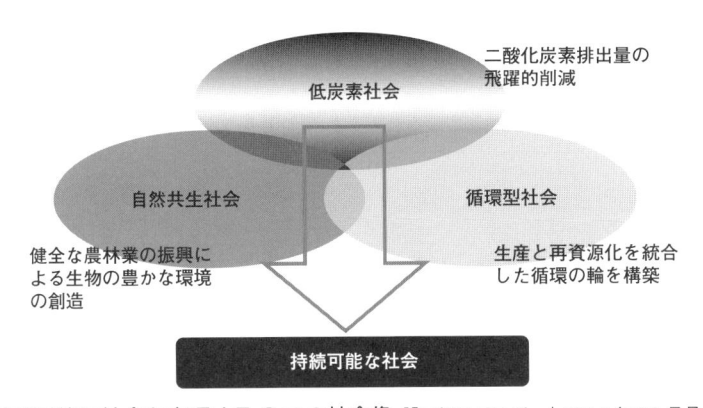

図1 持続可能な社会を実現する3つの社会像 [「日経エコロジー」2011年12月号より作成]

図2 低炭素社会構築に向けた2つの社会ビジョン
[平成22年版環境白書・循環型社会白書・生物多様性白書より作成]

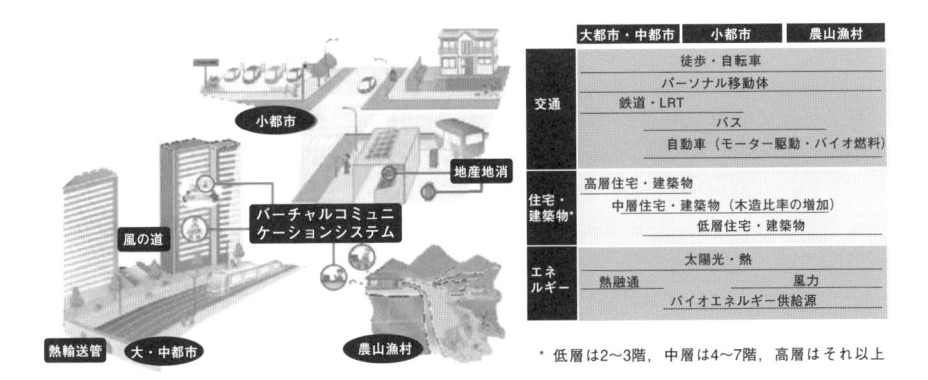

図3 低炭素社会のまちのイメージ図およびまちの規模と社会の構成要素
[平成22年版環境白書・循環型社会白書・生物多様性白書より作成]

## Q30 各都道府県では温暖化対策としてどのような取り決めがありますか？

　地球温暖化問題は、単に世界や国レベルで取り組めばいいというものではなく、それぞれの地域で取り組まなくてはならない課題です。また、この問題への取り組みを効果的なものにするためには、各地域の自然的・社会的特性に応じた取り組みとすることが重要です。このようなことから、地球温暖化対策、低炭素社会を実現するための「条例」を制定し、地域の住民や事業者などに関し地域の特性に応じたさまざまな取り決めを定めて地球温暖化問題に取り組む都道府県が増えています。

　2011年4月1日現在で、このような条例を定めている都道府県は表1のとおりです。このうち、地球温暖化対策等のための条例を制定している都道府県は、17道府県に上ります。また、環境保全全般に関して定めた条例の中で、地球温暖化対策の取り決めを定めている都道府県も、14都県あります。このように、多くの都道府県において、地球温暖化対策に関する取り決めを条例で定めています。

　表1で掲げた各都道府県の条例に共通する主な取り決め・制度を表2にまとめました。このうち、「事業者対策計画書制度」や「アイドリングストップ等」は、条例をもつほとんどの都道府県で定めており、また、「建築物環境計画書制度」や「自動車環境計画書制度」、「電気機器の省エネ性能表示等」は、条例をもつ多くの都道府県で定めています。

　一方で、それぞれの都道府県で独自の取り決めもあります。東京都では、事業者の自主的な取り組みを促す計画書制度からさらに踏み込んで、事業者の$CO_2$排出総量の削減義務を定めるとともに、削減方法の一つとして排出量取引制度を定めており、埼玉県も同様の制度を導入しています。また、神奈川県では、一定規模以上の開発を行う場合に、地球温暖化対策の取り組みを定めた計画書の提出を義務づける制度を、また京都府では、一定地域内で一定規模以上の建築物を建築する場合に、緑化の取り組みを定めた計画書の提出を義務づける制度を定めています。

　このほか、特徴的な取り決めとして、自家用自動車通勤による$CO_2$排出を抑制するための計画の提出を義務づける制度（群馬県、岐阜県、静岡県、熊本県）や、エネルギー供給事業者に対して再生可能エネルギーの供給拡大等に関する計画の提出を義務づける制度（北海道、東京都、長野県、京都府）などもあります。

表2　条例における主な取り決め・制度　　　　　　　　　　［滋賀県調べ］

| 取り決め・制度 | 内容 |
|---|---|
| 事業者対策計画書制度（事業者計画書） | 事業者の温暖化対策を促すため、$CO_2$を多く排出する事業者に対し、地球温暖化対策のための取り組みを定めた計画書などの提出を義務づける制度 |
| 建築物環境計画書制度（建築物計画書） | 建物の温暖化対策を促すため、一定規模以上の建物の建築にあたっての取り組みを定めた計画書の提出を義務づける制度 |
| アイドリングストップ等 | 自動車からの不要な$CO_2$排出を抑制するため、アイドリングストップを義務づけたり、駐車場等でアイドリングストップを促す看板の設置などを義務づける制度 |
| 自動車環境計画書制度（自動車計画書） | 事業者の温暖化対策を促すため、一定台数以上の自動車を使用する事業者に対し、自動車からの$CO_2$排出抑制のための取り組みを定めた計画書などの提出を義務づける制度 |
| 電気機器の省エネ性能表示等 | 消費者が省エネ製品を選択しやすくするため、エアコンなどの電気機器について、販売店に省エネ性能の表示等を義務づける制度 |

## 表1　地球温暖化対策に関する取り決めを条例で定めている都道府県一覧　[滋賀県調べ]

| 都道府県名 | 条例名 | 制定年月（改正年月） | 事業者計画書 | 建築物計画書 | 自動車 アイドリングストップ等 | 自動車 自動車計画書 | 電気機器省エネ性能表示等 | 都道府県に特徴的な取り組み |
|---|---|---|---|---|---|---|---|---|
| 北海道 | 北海道地球温暖化防止対策条例 | 21年3月 | ◎ | ◎ | ○ | (◎) | ○ | ・再生可能エネルギー計画書制度<br>・道を取り巻く環境に適した取り組み |
| 岩手県 | 県民の健康で快適な生活を確保するための環境の保全に関する条例 | 13年12月 | ◎ | | ◎ | (◎) | | |
| 秋田県 | 秋田県地球温暖化対策推進条例 | 23年3月 | ◎ | | | | | ・暖房機・給湯器の設定温度等使用方法の見直しを通じた省エネ |
| 栃木県 | 栃木県生活環境の保全等に関する条例 | (16年10月) | ◎ | | ○ | | | |
| 群馬県 | 群馬県地球温暖化防止条例 | 21年10月 | ◎ | | ○ | ◎ | ○ | ・自動車通勤環境配慮計画書制度<br>・特定冷媒用フロンの適切な管理等 |
| 埼玉県 | 埼玉県地球温暖化対策推進条例 | 21年3月（23年3月） | ◎ | ◎ | ◎（別） | | ◎ | ・目標設定型排出量取引制度 |
| 千葉県 | 千葉県環境保全条例 | (14年3月) | | | ◎ | | | |
| 東京都 | 都民の健康と安全を確保する環境に関する条例 | (20年7月) | ◎ | ◎ | ◎ | | ◎ | ・排出総量削減義務<br>・排出量取引制度<br>・中小規模事業所の報告書制度<br>・エネルギー環境計画書制度 |
| 神奈川県 | 神奈川県地球温暖化対策推進条例 | 21年7月 | ◎ | ◎ | ◎（別） | (◎) | ◎ | ・特定開発事業温暖化対策計画書制度<br>・他者の排出削減事業登録制度 |
| 石川県 | ふるさと石川の環境を守り育てる条例 | 16年3月 | ◎ | | ○ | | ○ | |
| 山梨県 | 山梨県地球温暖化対策条例 | 20年12月 | ◎ | | ◎（別） | ○ | ◎ | |
| 長野県 | 長野県地球温暖化対策条例 | 18年3月 | ◎ | ◎ | ○ | ◎ | ◎ | ・24時間営業事業者との協定<br>・再生可能エネルギー計画書制度 |
| 岐阜県 | 岐阜県地球温暖化防止基本条例 | 21年3月 | ◎ | | ○ | ◎ | | ・自動車通勤環境配慮計画書制度 |
| 静岡県 | 静岡県地球温暖化防止条例 | 19年3月 | ◎ | | ◎（別） | ◎ | ◎ | ・自動車通勤環境配慮計画書制度 |
| 愛知県 | 県民の生活環境の保全等に関する条例 | (21年3月) | ◎ | | ◎ | | | |
| 三重県 | 三重県生活環境の保全に関する条例 | (17年10月) | ◎ | | ◎ | | | |
| 滋賀県 | 滋賀県低炭素社会づくりの推進に関する条例 | 23年3月 | ◎ | ◎ | ◎ | ◎ | ◎ | ・削減目標の前文への記載<br>・削減目標<br>・環境マネジメントシステムの導入義務化<br>・事業者排出量削減計画書の評価制度<br>・緑化計画書制度<br>・電気事業者排出量削減計画書制度 |
| 京都府 | 京都府地球温暖化対策条例 | 17年12月（22年10月） | ◎ | ◎ | ◎ | ◎ | ◎ | |
| 大阪府 | 大阪府温暖化の防止等に関する条例 | 17年10月 | ◎ | ◎ | ◎（別） | (◎) | ○ | |
| 兵庫県 | 環境の保全と創造に関する条例 | (15年3月)(18年3月) | ◎ | ◎ | ◎ | (◎) | ◎ | ・温暖化防止特定事業（温暖化アセス）実施届出書制度 |
| 和歌山県 | 和歌山県地球温暖化対策条例 | 19年3月 | ◎ | | ◎ | | ○ | |
| 鳥取県 | 鳥取県地球温暖化対策条例 | 21年3月 | ◎ | ◎ | ○ | | ◎ | ・アイドリングストップ推進事業者等の認証 |
| 岡山県 | 岡山県環境への負荷の低減に関する条例 | 13年12月（20年10月） | ◎ | | ◎ | | ◎ | |
| 広島県 | 広島県生活環境の保全等に関する条例 | 15年10月 | ◎ | | ◎ | | | |
| 徳島県 | 徳島県地球温暖化対策推進条例 | 20年10月 | ◎ | | ○（別） | (◎) | ◎ | ・環境負荷の少ない催しの開催 |
| 香川県 | 香川県生活環境の保全に関する条例 | (20年3月)(21年3月) | ◎ | | ◎ | | ○ | |
| 佐賀県 | 佐賀県環境の保全と創造に関する条例 | 14年10月 | ○ | | ○ | | | |
| 長崎県 | 長崎県未来につながる環境を守り育てる条例 | 20年3月 | ◎ | | ○ | | | |
| 宮崎県 | みやぎ県民の住みよい環境の保全等に関する条例 | 17年3月 | ◎ | | ○ | | | |
| 熊本県 | 熊本県地球温暖化の防止に関する条例 | 22年3月 | ◎ | ◎ | ○ | (◎) | ◎ | ・エコ通勤環境配慮計画書制度 |
| 鹿児島県 | 鹿児島県地球温暖化対策推進条例 | 22年3月 | ◎ | ◎ | ○（別） | (◎) | ◎ | ・屋久島における先進的地域づくりの推進 |

表中、◎は義務規定、○は努力規定、（別）は別の条例で規定、（◎）は事業者対策計画書制度に含まれる

第4章　$CO_2$排出削減のためどのような取り組みがなされているのでしょうか？

## Q31 取り組みの進んでいる東京都の $CO_2$ 削減対策の特徴は何ですか？

　東京都では、気候変動対策への取り組みとして、2002年4月から環境確保条例に基づき「地球温暖化対策計画書制度」を創設し、温室効果ガスの削減対策を推進してきました。「計画書制度」の実施により、2006年度の排出実績は、京都議定書の基準年である1990年度比で3.5％減少しました。しかしながら、取り組みの約80％は標準レベルにとどまったため、2007年に表1に示した東京都気候変動対策方針を策定し、大規模事業所の総量削減義務化などを提起しました。とりわけ2010年4月から開始された温室効果ガス排出総量削減義務と排出量取引制度は、エネルギー起源 $CO_2$ の総量削減を目指す、世界で3番目のキャップ＆トレード制度であり、業務部門を対象とする制度としては世界初のものです。

　東京都環境局によれば、2008年度の速報値で、温室効果ガス排出量は $CO_2$ に換算して5,780万トンであり、部門別には業務部門が約36％、運輸部門が約23％、家庭部門が約25％を占める一方、産業部門は約9％とその割合がきわめて小さく、他の自治体と比較して特徴的な配分となっています。したがって、東京都の $CO_2$ 削減対策は、こうした東京都の排出特性を考慮したものとなっています。

　都内の全事業所の1％に満たない約1,300の大規模事業所が、都内の産業・業務部門の $CO_2$ 排出量の約40％を占めていることから、大規模事業所に対する削減義務と排出量取引制度（キャップ＆トレード）を導入しました。制度の概要を表2に示します。東京都内にある一定以上の規模の企業は、燃料・熱・電力の使用に伴うエネルギー起源 $CO_2$ の排出量を総量で削減することが求められています。対象事業所に対しては、計画期間の5年間で基準排出量の平均8％の削減が基本的に義務づけられています。2010～14年度の第1計画期間に対象となるのは、2006～08年度のエネルギー使用量が連続して原油換算で年間1,500kL以上となる大規模事業所になります。

　なお、キャップ＆トレードとは、図1に示すように、政府や自治体が温室効果ガスの総排出量を定め、それを個々の事業所（企業）に排出枠として配分し、個々の事業所間の排出枠の一部の移転・獲得を認める制度のことで、事業所の $CO_2$ 排出量に行政機関が上限＝キャップを設け、一定の削減を確保する手法です。目標より多く減らした事業所は、その分を排出権として目標に達しない事業所と取

引＝トレードできるようにする方式を意味しています。

　これまで十分に取り組まれてこなかった中小規模事業所の温暖化対策の推進をはかるため、エネルギー使用量や省エネルギー対策の取組状況を都に報告する制度も同時に実施されています。

表1　東京都気候変動対策方針の概要

| | |
|---|---|
| 方針Ⅰ | 企業の$CO_2$削減を強力に推進<br>大規模$CO_2$排出事業所に対する削減義務と排出量取引制度の導入 |
| 方針Ⅱ | 家庭の$CO_2$削減を本格化 |
| 方針Ⅲ | 都市づくりでの$CO_2$削減をルール化<br>大規模新築建築物等に対する省エネ性能の義務化 |
| 方針Ⅳ | 自動車交通での$CO_2$削減を加速 |
| 方針Ⅴ | 各部門の取組を支える、都独自の仕組みを構築 |

表2　東京都の温室効果ガス排出総量削減義務と排出量取引制度

| 事業所種類 | 指定地球温暖化対策事業所 | 特定地球温暖化対策事業所 |
|---|---|---|
| 対象の規模 | エネルギー使用量（原油換算）<br>年間1,500kL以上 | 3年連続1,500kL以上 |
| 主な義務 | 計画書の提出、組織体制整備・削減目標設定など | 排出総量の削減義務 |
| 第一計画期間の削減義務率 | ①8％（オフィスビル等と地域冷暖房施設）<br>②6％（その他） | |
| 削減義務の履行方法 | ①自らの事業所での削減<br>②排出量取引による削減量の取得 | |
| 対象ガス　総量削減の対象 | エネルギー起源$CO_2$ | |
| 　　　　　把握・報告 | 6ガス（$CO_2$、$CH_4$、$N_2O$、PFC、HFC、$SF_6$） | |
| 義務違反時の措置 | 総量削減義務：罰金50万円以下、違反事実公表など | |

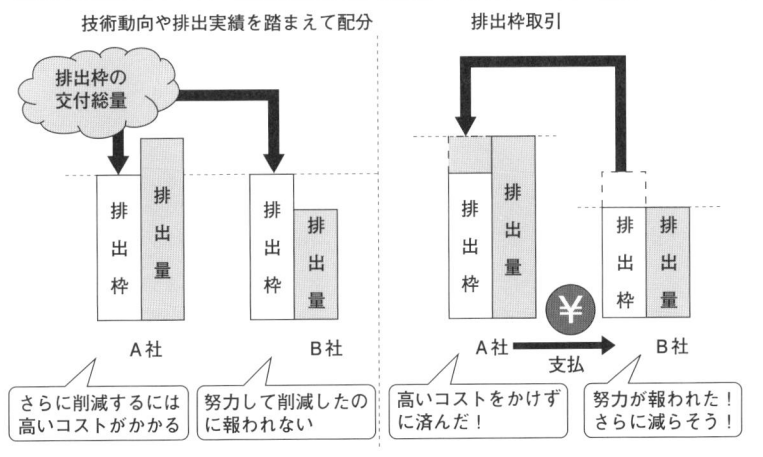

図1　キャップ＆トレードの概要　　［環境省資料より作成］

## Q32 2030年50％削減を目指す滋賀県の考えはどのようなものですか？

　IPCC第4次評価報告書によると、産業革命期からの気温上昇を2.8℃以内に抑えるためには、2050年の$CO_2$排出量を2000年比で60％～30％程度削減する必要があります。これらの科学的知見を踏まえて、わが国では2007年6月に「21世紀環境立国戦略」を策定し、世界全体の温室効果ガスを現状に比べて2050年までに半減するという長期目標を世界で共有することを提案しました。先進国に対してはこの目標より、さらに厳しい目標が求められることが予想されますが、滋賀県では2008年3月「持続可能な滋賀社会ビジョン」を策定し、温室効果ガス削減の取組では世界や国内をリードしていくとの姿勢を掲げ、「2030年における温室効果ガス排出量が1990年比で50％削減されている低炭素社会の実現」を目標に設定しました。

> **要点** 持続可能な滋賀社会ビジョン
>
> 　滋賀において、環境・経済・社会が将来にわたってバランスよく発展する持続可能な社会の実現をはかるためのビジョン。温室効果ガスの半減と琵琶湖環境の再生を長期的な目標とし、その実現に向けた施策の提言を行った。

　滋賀社会ビジョンでは、図1にみられるように、新たな削減対策を取らなかった場合の2030年におけるGHG排出量が1457万$t-CO_2$に達し、そこから50％削減を行うために必要な削減量は806万$t-CO_2$になると推定されました。これだけの量を削減するためには、県民や事業者、行政など各主体が、暮らしや事業活動などさまざまな分野にわたる対策を総合的かつ、中・長期的に推進する必要があります。

　こうした取り組みを効率的・効果的に推進するためには、2030年に向けどのような取り組みをいつ頃、どれだけの規模で実施する必要があるのか、その道筋を地域の方々と共有することが有効であると考え、環境保全と経済発展を両立させながら進む道筋を、「滋賀県低炭素社会実現のための行程表」として提示しました。すなわち対策手段を、「生活」「交通・運輸」「まちと建物」「産業活動」「新エネルギー」「森林保全」の6分野に分け、取り組みの種類やその規模、取り組みの時期を提示しています。新エネルギーを一例として、図2に示しました。

　滋賀県において2030年までに$CO_2$50％削減の低炭素社会を実現するため

に必要な全経費は7～8兆円に達し、そのうちの公的負担は約1兆円、年間約500億円に達するものと推計されます。これらの経費は一方で、今後滋賀県域で発生する経済活動の規模を表しており、低炭素社会づくりを進めることによって相当規模のビジネスチャンスが生じる可能性があることをも示しています。

こうした道筋は、生活様式や産業構造、都市構造など社会のあり方までも変革するものであり、決して容易ではありませんが、低炭素社会の実現に向けいち早く取り組むことが、地域の未来を拓くことにつながるものと考えています。

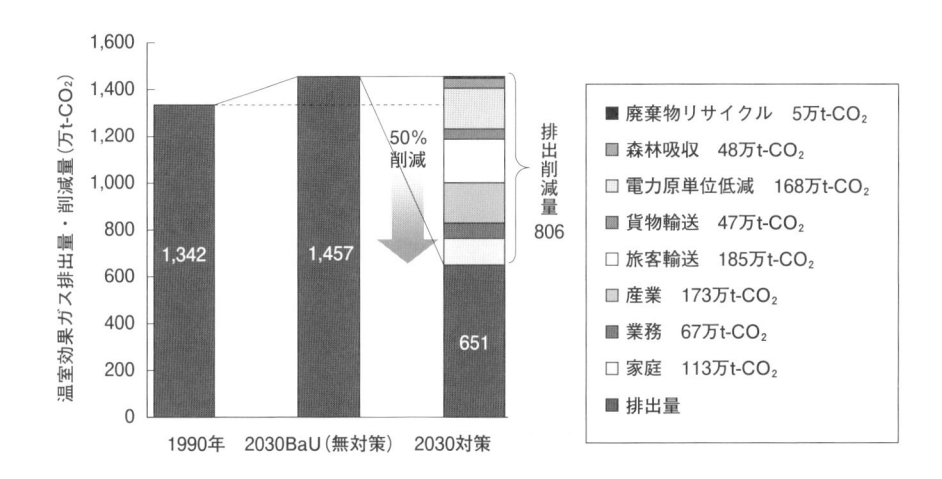

図1　滋賀県の2030年における温室効果ガス排出削減目標

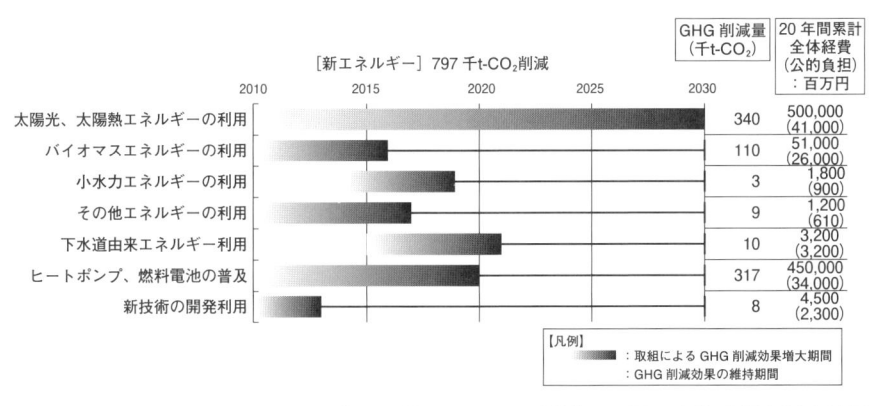

図2　行程表における新エネルギーを例とした$CO_2$削減取り組み実施時期と温室効果ガス削減量、全体経費

## Q33 COP3 開催地の京都市ではどのような $CO_2$ 削減対策を進めていますか？

　京都市では、1997 年 12 月の COP3 に先立つ同年 7 月から、いち早く温室効果ガス排出量の削減に向けた取り組みを開始しました。

　2004 年 12 月には、さらなる取り組みを進めるため、地球温暖化対策に特化した全国初の「京都市地球温暖化対策条例」を制定し、2006 年 8 月には「京都市地球温暖化対策計画」を策定し、同条例に掲げた目標達成に向け取り組んできました。

　また、2009 年 1 月には、温室効果ガスを大幅に削減する社会である低炭素社会の実現に向け、先駆的な取り組みにチャレンジする「環境モデル都市」として、京都市は、国の選定を受けました。

　そして、2010 年 10 月、温室効果ガス排出量を 80％以上削減した低炭素社会の実現を目指すことを新たに決意して同条例を全面改正し、高い削減目標を掲げるとともに、具体的な取組や施策をさらに充実・強化しました。さらに 2011 年 3 月には、同条例で掲げた削減目標を確実に達成するための行動計画として「京都市地球温暖化対策計画＜ 2011 ～ 2020 ＞」を新たに策定しました。

**要点**　「京都市地球温暖化対策条例」に掲げる目標

　京都市域からの温室効果ガス排出量を、1990 年度比で 2020 年度までに 25％、2030 年度までに 40％削減する。

　次に、温室効果ガス排出量削減のために同計画に掲げている、現在取り組み中である、または今後取り組んでいく戦略プロジェクトを紹介します。

| 戦略 1　歩くまち・低炭素都市づくりプロジェクト ||
|---|---|
| ◇「歩くまち・京都」総合交通戦略の推進<br>・京都駅南口駅前広場の整備<br>・東大路通の自動車抑制と歩道拡幅<br>・四条通の歩道拡幅と公共交通優先化<br>・パークアンドライドの通年実施<br>・市内共通乗車券の創設<br>・自転車利用環境の整備<br>・駐車場施策の見直し | ◇京都らしいエコ・コンパクトな都市づくりの推進<br>・地球環境への負荷の小さい集約的な都市構造の構築<br>・カーシェアリングのさらなる普及 |
| ◇森林の適切な保全と地域産木材の活用<br>・「平成の京町家」の普及促進<br>・地域産木材のストック情報システムの構築<br>・「CASBEE 京都」[※1] による環境性能の評価が高い建築物の普及促進 ||

| 戦略2　グリーンエコノミー創出プロジェクト ||
|---|---|
| ◇グリーン・イノベーションの推進<br>・京都府・経済界との連携による「京都産業育成コンソーシアム」の設立<br>・低炭素社会の実現を先導する環境知恵（環境・エネルギー関連）産業のブランド化<br>・付加価値の高い新産業を創造する京都版SBIR[※2]の推進 | ◇スマート・コミュニティの構築<br>・再生可能エネルギー（太陽光・太陽熱・小水力・木質バイオマス等）の導入促進<br>・らくなん進都[※3]、岡崎地区等における新たなエネルギーマネジメントシステムの構築<br>・市民協働発電制度の実施 |
| ◇環境価値の「見える化」<br>・「DO YOU KYOTO？クレジット」制度の創設<br>・環境に配慮した観光の推進<br>・カーボン・フットプリントの活用による環境価値の「見える化」の推進 ||

| 戦略3　エコライフ・コミュニティ創出プロジェクト ||
|---|---|
| ◇地域からのエコライフの発信<br>・エコ学区、エコ商店街、エコ大学など新たな「エコ・コミュニティ」の創設 | ◇新たなエコスタイルの提案<br>・京（きょう）朝（あさ）スタイル[※4]の普及<br>・農林水産物の地産地消と「京の時待ち食[※5]」の普及促進による環境に配慮した食生活の普及 |
| ◇循環型社会システムの構築<br>・包装材削減推進京都モデルの構築<br>・生ごみ、使用済みてんぷら油など廃棄物系バイオマスからのエネルギー回収 ||

※1　CASBEE京都：建築物を環境面から評価するために開発され、全国的に普及している「CASBEE（建築環境総合性能評価システム）」をベースに、京都が目指すべき環境配慮建築物を適切に評価・誘導できるよう項目の重点化や見直しを行い、京都独自のシステムとして策定したもの。

※2　京都版SBIR（Small Business Innovation Research）：新技術・新製品開発に取り組む市内の中小事業者やベンチャー企業の新技術を利用した事業活動を支援するため、京都の地域プラットフォーム支援体制の強みを生かした、研究開発段階から販路開拓までを一貫して支援する仕組み。

※3　らくなん進都：京都市南部を南北に貫く幹線道路である油小路沿道を中心とした、概ね北は十条通、南は宇治川、東は東高瀬川、西は国道1号線に囲まれた、面積607haの地区。

※4　京朝スタイル：「太陽が昇ったら起きて、沈んだら寝る」という自然のサイクルに沿った、京都発の健康的で環境にもやさしい朝型のライフスタイル。

※5　京の時待ち食：旬の時期を待って食する京都の伝統的な考え方や調理方法、食べ方。

## Q34 　$CO_2$ 削減のための技術的対策としてどんな技術がありますか？

　二酸化炭素の排出を抑制する対策は、緩和策と呼ばれています。このうち技術的な対策は、表1に示したように排出の前段階において抑制する技術と、排ガス中の $CO_2$ や大気中に排出された $CO_2$ を削減する技術に分類できます。

　前者のうち代表的なものはエネルギー効率の向上を目指した省エネルギー技術であり、同じエネルギー需要に対しより少ないエネルギー消費で対応する技術です。これにはハイブリッド車、LED、高効率エアコンなどエネルギー利用の効率を上げるものと、コンバインドサイクル発電などエネルギー転換の効率化をはかる技術があります。コンバインドサイクル発電の代表的な石炭ガス化複合発電についてみると、石炭をガス化炉内で石炭ガスに転換・燃焼させ、まずガスタービンで発電し、さらに高温の排ガスをボイラに導入し発生させた蒸気により、蒸気タービンで発電を行う二段階発電方式です。発電効率は 46 ～ 48% と高く、将来は燃料電池などと組み合わせ 65% に達することが期待されています。

　一方、化石燃料によらず $CO_2$ をまったく出さないエネルギー利用技術としては、太陽光、風力、バイオマスなどの再生可能エネルギー技術と原子力技術に大別できます。太陽光発電や風力発電などでは電力出力が不安定なため、火力発電所のような大規模集中型電源・送電網に小規模・分散型電源を加え、電力の需要側の情報を通信ネットワークで統合し、高い効率、高い品質、高い信頼性をもつ電力供給システムを目指すスマートグリッド技術が注目されています。

　排出された $CO_2$ を削減する技術に図1に示したような $CO_2$ 回収・貯留技術（CCS）があります。火力発電所等の排ガスから表1にみられるような方法で分離・回収された $CO_2$ は、パイプライン等によって輸送され、圧入井を通じて隙間の多い帯水層へ注入されます。地下深部では、$CO_2$ が圧縮されるため、より多くの $CO_2$ を貯留することができ、層の上部にガスや水を透さない不透水層があれば、$CO_2$ の地上への移行が防止されます。そのほか、タンカーなどで回収された $CO_2$ を輸送して水深 2,000m 付近の海洋中深層へ送り込み、溶解・希釈させる海洋隔離法があります。大気中の $CO_2$ 吸収技術には、大規模な植林・緑化などにより大気中の $CO_2$ を吸収固定化する技術が一般的ですが、海域に人工湧昇流発生構造物をつくり、植物プランクトンの増殖により $CO_2$ の固定化能力を高める技術も検討されています。

　こうした $CO_2$ 排出抑制技術をどのように組み合わせて $CO_2$ 濃度上昇を抑制するかについては、国際エネルギー機関（IEA）が大気中の濃度 $CO_2$ を 450ppm で安定化させるためのシナリオ分析を行っており、図2にあるように省エネルギー化をはかることがきわめて重要であることがわかります。また、2035年には CCS による $CO_2$ 削減量は 20% 近くに達すると推定しています。

表1 主な$CO_2$の排出抑制技術

| 分類 | | 技術 | | 概要 | |
|---|---|---|---|---|---|
| $CO_2$の排出抑制技術（事前対応） | | 省エネルギー | 高効率エネルギー利用技術 | ハイブリッド車、燃料電池車、高効率エアコン | |
| | | | 高効率エネルギー転換技術 | コンバインドサイクル発電技術、燃料電池発電 | |
| | | 化石燃料転換 | | 石油から天然ガスへの燃料転換 | |
| | | 非化石燃料転換 | 再生可能（自然）エネルギー | 水力、太陽熱、太陽光、風力、バイオマス、地熱、海洋エネルギー | |
| | | | 原子力 | | |
| | | | 新規なエネルギー利用技術 | 水素エンジン・タービン、電気自動車 | |
| 排出された$CO_2$の削減技術（事後対応） | 排ガス中の$CO_2$削減 | 分離回収 | 吸収法 | アミン吸収、炭酸カリウム吸収 | アルカリ性吸収液 |
| | | | 吸着法 | 物理吸着 | 固体吸着剤 |
| | | | ガス分離法 | 高分子膜分離深冷水分離法 | ガス透過速度の違いガスの圧縮液化、蒸留 |
| | | 貯留 | 海洋隔離 | 深海貯留 | |
| | | | 地中貯留 | 帯水層貯留油田・ガス田貯留炭層貯留 | |
| | 大気中の$CO_2$削減 | 固定化 | 化学的固定 | 電気・光学的反応接触水素化反応 | |
| | | | 生物的固定 | 植林、大規模緑化 | 植物の光合成 |
| | | | 海洋の$CO_2$固定能力強化 | 人工湧昇流 | |

［科学技術動向研究調査センター、地球環境産業技術研究機構資料より作成］

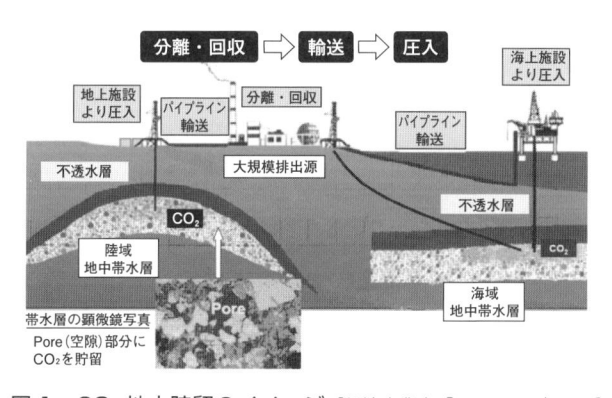

図1 $CO_2$地中貯留のイメージ ［経済産業省「CCS2020」より］

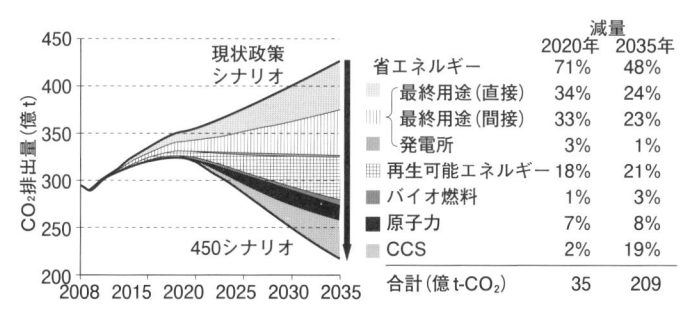

| | 減量 | |
|---|---|---|
| | 2020年 | 2035年 |
| 省エネルギー | 71% | 48% |
| 　最終用途（直接） | 34% | 24% |
| 　最終用途（間接） | 33% | 23% |
| 　発電所 | 3% | 1% |
| 再生可能エネルギー | 18% | 21% |
| バイオ燃料 | 1% | 3% |
| 原子力 | 7% | 8% |
| CCS | 2% | 19% |
| 合計（億t-$CO_2$） | 35 | 209 |

図2 大気中温室効果ガス濃度を450ppmで安定化させるためのエネルギー起源の$CO_2$削減技術導入シナリオ

［IEA, World Energy Outlook 2010より作成］

## Q35 再生可能エネルギーにはどんなものがありますか？

　再生可能エネルギーとは使用時に $CO_2$ の排出がなく、一度利用しても短期間のうちに自然の力で常に補充されるエネルギー源のことです。したがって、石炭や石油などのように枯渇する恐れがなく、半永久的に利用が可能です。具体的には、太陽光、風力、水力、バイオマス、地熱等のエネルギーが挙げられますが、将来的に枯渇する化石燃料や原子力の代替、エネルギー自給率の向上、地球温暖化対策などから近年利用が増加しています。

　再生可能エネルギーの定義は、国や団体、法令によって異なり、その種類は必ずしも同じではありません。2011年8月に国会で成立した再生可能エネルギー促進法における再生可能エネルギー源とは、「太陽光、風力、水力、地熱、バイオマス、その他として原油、石油ガス、可燃性天然ガス及び石炭並びにこれらから製造される製品以外のエネルギー源のうち、電気のエネルギー源として永続的に利用することができると認められるものとして政令で定めるもの」と定義されています。表1は、各国の再生エネルギーの定義を示したもので、性能や規模による違いもあります。なお、日本は新エネルギー利用等の促進に関する特別措置法（新エネルギー法）で定められた新エネルギーの中の再生可能エネルギー該当分を取り出したものです。

　再生可能エネルギーの利用量については、賦存量、導入可能量などの用語がよく使用されます。賦存量とは、現在の技術水準で利用することが困難なもの（例えば風力発電の場合は、風速5.5m/s以下）を除いて、理論的に計算されるエネルギーの量で、土地の条件や経済性、法規制などの制約要因は考えないものです。導入可能量とは、国立公園など施設設置が困難な場所を除外したり、コストなど種々の制約条件を考慮して推計される量で、表2は日本での各種再生エネルギーの導入可能量の推計例です。導入可能量は賦存量より小さくなり、設定条件によって値が大きく異なります。また、2008年における世界の1次エネルギー供給源のうち、再生可能エネルギーは約13％を占めていますが、その賦存量は図1のように推定されています。再生可能エネルギーの賦存量は十分大きいのですが、単位面積あたりのエネルギー量が低いため経費が高くつくこと、また時間や場所、気象など自然条件による時間的変動が大きいため、単独で電力需要とタイミングを合わせて供給することができない欠点があります。また、実際の発電量は、理想的条件でフル稼働するとして計算された値より少なくなります。

表1 各国の再生可能エネルギーの定義

| IEA | EU | イギリス | ドイツ | アメリカ | 日本(新エネルギー) |
|---|---|---|---|---|---|
| 水力 | 水力 | 水力 | 水力 | 水力 | 水力(100kW以下) |
| 地熱 | 地熱 | 地熱 | 地熱 | 地熱 | 地熱 |
| 太陽光 | 太陽光 | 太陽光 | 太陽光 | 太陽光 | 太陽光 |
| 太陽熱 | 太陽熱 | 太陽熱 | 太陽熱 | 太陽熱 | 太陽熱 |
| 潮力 | 潮力 | 潮力 | | | |
| 波力 | 波力 | 波力 | | | |
| 海洋力 | | | | | |
| 風力 | 風力 | 風力 | 風力 | 風力 | 風力 |
| バイオマス | バイオマス | バイオマス | バイオマス | バイオマス | バイオマス |
| 　固体 | 　埋立地ガス | 　廃棄物バイオ分 | 　固体 | 　バイオディーゼル | 　バイオマス発電 |
| 　液体 | 　下水処理ガス | 　埋立地ガス | 　液体 | 　エタノール | 　バイオマス由来 |
| 　バイオガス | 　バイオガス | 　下水処理ガス | 　バイオガス | 　埋立地ガス | 　廃棄物熱利用 |
| 　一般廃棄物(バイオマス由来) | ヒートポンプ | 　農業廃棄物 | 　埋立地ガス | 　自治体廃棄物 | 　バイオマス由来 |
| | | 　森林廃棄物 | 　下水処理ガス | 　その他バイオマス | 　廃棄物燃料製造 |
| | | 　エネルギー穀物 | 　廃棄物バイオ分 | 　木材 | 　雪氷熱利用 |
| | | | | 　木材由来燃料 | 　温度差熱利用 |

[環境省「低炭素化社会構築に向けた再生可能エネルギー普及方策について(提言)」2009 より作成]

表2 日本における再生可能エネルギー導入可能量の推計例

| | 2005年導入実績( )は年間発電量 | 導入(利用)可能量 |
|---|---|---|
| 太陽光発電 | 142万kW (15億kWh) | 1億5,000万kW (非住宅)<br>3,000万～2億2,000万kW (国土全体) |
| 風力発電 | 陸上108万kW (19億kWh) | 陸上 2億8,000万kW<br>洋上 16億kW |
| バイオマスエネルギー | 233万kW (111億kWh)<br>(バイオマス・廃棄物発電) | $765 \sim 1,780 \times 10^{15}$ J |
| 中小水力発電 | 11万kW (7億kWh) | 1,400万kW |
| 地熱発電 | 52万kW (32億kWh) | 1,400万kW |
| 太陽熱利用 | $24 \times 10^{15}$ J | $464 \sim 1,293 \times 10^{15}$ J (賦存量) |
| 波力発電 | ― | 3,600～5,000万kW (賦存量) |
| 海洋温度差 | ― | 1,600億kWh (賦存量) |

[環境省、NEDOの報告書より作成]

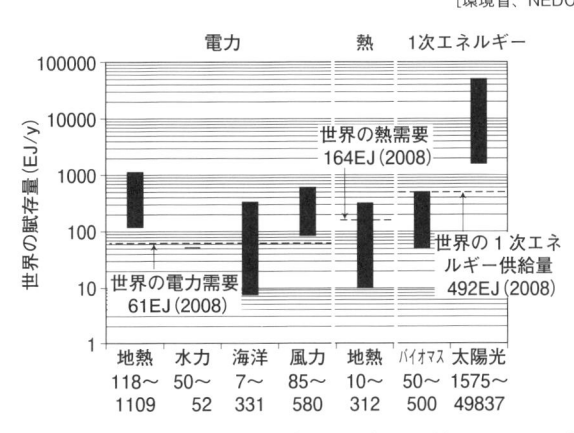

図1 世界の再生可能エネルギーの賦存量の範囲 (EJ = $10^{18}$ J)

縦軸: 世界の賦存量 (EJ/y)
電力 / 熱 / 1次エネルギー
世界の熱需要 164EJ (2008)
世界の1次エネルギー供給量 492EJ (2008)
世界の電力需要 61EJ (2008)

地熱 118～1109
水力 50～52
海洋 7～331
風力 85～580
地熱 10～312
バイオマス 50～500
太陽光 1575～49837

[IPCC, 2011: Special Report on Renewable Energy Sources and Climate Change Mitigation: Summary for Policymakers より作成]

## Q36 太陽光発電や風力発電の可能性と問題点は何でしょうか？

　太陽光発電は、太陽の光エネルギーを直接電気に変換するために、表1にみられるように、枯渇する恐れがなく、発電時には二酸化炭素、窒素酸化物、ばいじんなどの大気汚染物質や騒音などの発生がないクリーンな発電方式です。また、太陽電池の原料となるシリコンは豊富に存在しています。さらに、規模によらず発電効率が一定で電卓や腕時計のような小規模からメガソーラーと呼ばれる大規模な発電システムまで自由な設置が可能です。太陽から1時間に地表に降り注ぐエネルギーは1 m$^2$ あたり約1 kWですが、夜間に発電できないことや気象の影響、変換効率などを考えると約4万軒分の家庭の電気使用量に相当する14万kW（140メガW）のメガソーラー発電所を建設するには、甲子園球場のグラウンドの約270倍となる400万 m$^2$ の用地が必要になります。また、設備・建設費が高いのが問題です。

　太陽光発電は2000年代前半まで導入量世界一は日本でしたが、図1の主要国の太陽光発電設備容量にみられるように、現在はドイツが群を抜いて高く第1位となっており、以下スペイン、日本、イタリアの順です。普及の拡大をはかるために、技術革新による変換効率の向上とコスト低減への努力が続けられており、電力会社の買取制度、補助金や税制により需要を拡大していくことも重要です。

　風力発電は、無尽蔵で発電時にCO$_2$などを排出せず、太陽光に比べるとコストは低いのですが、出力風車などの可動部を有する巨大構造物のため設置面積を要し、表1のような環境問題が、特に陸上発電で問題となっています。風力発電に適した場所は偏っており、電力の需要地までの送電設備が必要になります。また、太陽光発電と同様に出力変動があるため、太陽光や風力発電の割合が増すと既存の電力系統に大きな影響を及ぼします。そこで、需給バランスを取るために、余剰電気は揚水発電用として利用したり、蓄電池に充電し、逆に不足する場合には火力発電所等からの供給が必要になります。

　日本の風力発電導入量は図2のように年々増加していますが、2010年末で需要電力量に占める風力発電量はわずか0.4%です。世界でみると中国、米国、ドイツ、スペイン、インドの導入量が全体の約70%を占めており、中国の躍進が目立ちます。国際エネルギー機関（IEA）が、CO$_2$濃度を450 ppmで安定化させるために新たに導入すべきと提案している太陽光と風力による発電量は、2010〜2020年については世界で6.6億 kW、2021〜2035年については約20億 kWとなっています（Q34参照）。各国とも太陽光と風力発電導入量は増加の傾向にありますが、太陽光と風力発電だけで世界の温室効果ガスを450 ppmで安定化させることは、将来の社会のあり方にもよりますが、きわめて困難多大の努力を必要とします。

表1　太陽光発電と風力発電の長短所

| エネルギー源 | 長所 | 短所 |
|---|---|---|
| 太陽光 | ・ほぼ無尽蔵な国産のエネルギー<br>・発電時に$CO_2$を排出しない<br>・需要の多い昼間に発電ピークとなるので、需要のピーク電力を削減できる<br>・独立して使用すると送電線が不要<br>・システム構成が簡単で小型から大型まで自由な設置が容易<br>・非常時に独立した電源となる<br>・発電にはタービンなどの可動部分が不要で保守が容易 | ・単位面積あたりの発電量が低いため、大電力を得るには広い設置面積が必要<br>・夜間は発電できず、曇・雨天の日は発電出力が低下し変動が大きい<br>・他のエネルギーに比して設備に要するコストが高い<br>・電力会社の送電網に連系する場合、太陽光発電の設備量が増加するとインフラの改造が必要 |
| 風力 | ・ほぼ無尽蔵な国産のエネルギー<br>・発電時に$CO_2$を排出しない<br>・太陽光に比べ相対的に発電コストが低い<br>・風の運動エネルギーの電気エネルギー変換率は最大30～40%程度と高い | ・単位面積あたりの発電量が低い<br>・風向、風速が時間的・季節的に変動し、発電が不安定<br>・風車の回転・停止に伴う騒音、低周波音<br>・風況の良い場所が偏っている<br>・晴天時に風車の影が回転して地上部に明暗が生じる（シャドーフリッカー）<br>・景観破壊<br>・鳥類の風力発電設備への衝突（バードストライク） |

図1　日本の太陽光発電導入量の推移と2010年の国別太陽光発電設備容量の比較
[IEA-PVPS報告書 T1-20:2011 より作成]

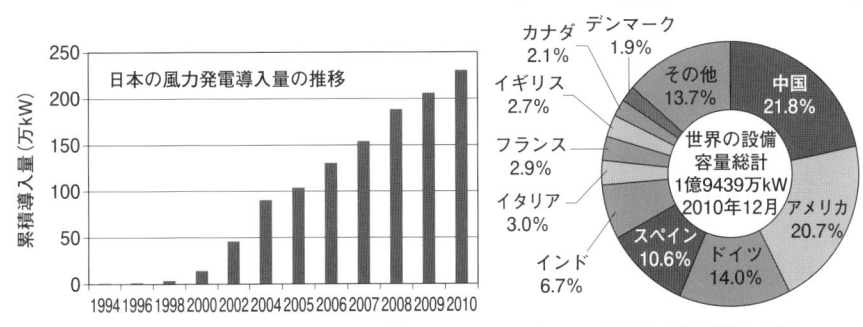

図2　日本の風力発電導入量の推移と2010年の国別風力発電設備容量
[Global Wind Statistics 2010 より作成]

## Q37 水力発電、地熱発電などの可能性と問題点は何でしょうか？

　世界の再生可能エネルギーによる発電量の約80％は水力発電が占めています。発電方式には、①川など自然に流れる水の勢いを利用した「流れ込み式」、②ダムのような「貯水式」、③高低差のある2つの池を水路で結び、電力に余剰がある夜間などに、ポンプで下の池の水を上にくみ上げ昼間のピーク時に上の池に貯められた水を下の池に落として発電する「揚水式」があります。②、③の2方式はごく短時間で出力を変化させることができ、太陽光などの出力が不安定な電源が増加した場合などに速やかに対応できる利点があります。世界的にはまだ開発余地は大きいのですが、日本においては新規に大規模な水力発電が可能な地点はほとんどありません。また、大規模な水力発電所の開発では環境への影響も小さくないため、最近では①の流れ込み式を中心とした中小水力発電に関心が向いています。環境エネルギー政策研究所の推算によれば、出力1万kW以下の水力発電所の開発で、2050年までに年間415億kWhの発電が可能になり、これは2010年の水力発電量約630億kWhに匹敵します。

　地熱発電は、火山帯の地下深くに存在するマグマ溜りの熱によって、地下に浸透した雨水が加熱され、蒸気や熱水などとしてもつエネルギーを利用するものです。このような地熱貯留層は世界中に分布し、マグマ溜りが冷却するまでの時間は10万～100万年に及び、半永久的に使用できるエネルギー源といえます。主な発電方式には、地下の蒸気を直接取り出しタービンを回す「蒸気発電」と、80～150℃の熱水を熱交換機に通してブタンやアンモニア水などの低沸点の液体を気化させ、タービンを回転させ発電する「バイナリー発電」があり、また100℃以下の温泉水を利用するものは温泉（熱）発電とも呼ばれます。図1のように地熱発電は、資源量の大きい北米、東南アジア、日本等で利用されています。わが国の地熱資源量は世界でも最大級ですが、国立公園など開発が制限されている地域に多く、立地上の制約を受けるため、1999年以降新規開発は行われていません。しかし、資源の枯渇や価格の高騰がなく安定した発電が見込まれるため、水力発電所などと同様にベース電源として使用できます。

　バイオマスエネルギーの原料には、図2にみられるように森林資源、農産物や食品残渣、下水汚泥、さらには最近バイオエタノールとして話題になったトウモロコシなど、食料と競合するものから廃棄物まで多種多様なものがあります。用途も電気、ガス、輸送用燃料など幅広く利用され、地域の特性に応じた資源の有効活用を効率的に進めていくことが重要となっています。

表1　水力発電と地熱発電の長短所

| | 長所 | 短所 |
|---|---|---|
| 水力 | ・発電時に$CO_2$を排出しない<br>・安定的な発電が可能<br>・短時間で出力変化可能・技術的に成熟 | ・立地制約が大きい<br>・ダム建設に伴う環境への影響 |
| 地熱 | ・発電時に$CO_2$を排出しない<br>・天候に左右されず安定的な発電が可能<br>・技術的に成熟 | ・日本では地熱資源が豊富な地域は国立公園等に多く、開発が困難<br>・掘削が必要で建設の初期コストが高い |

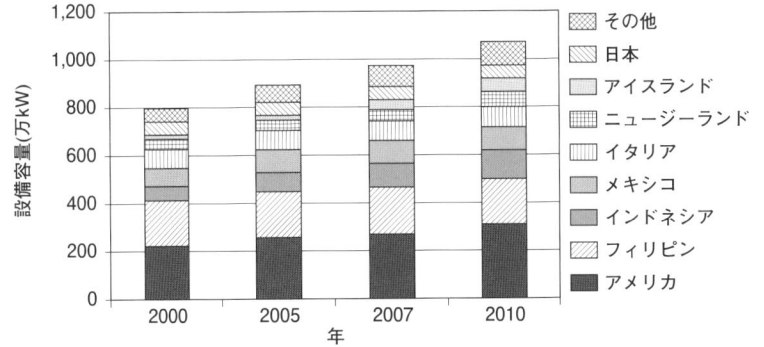

図1　世界の国別地熱発電設備容量の推移

［Geothermal Energy Association 資料より作成］

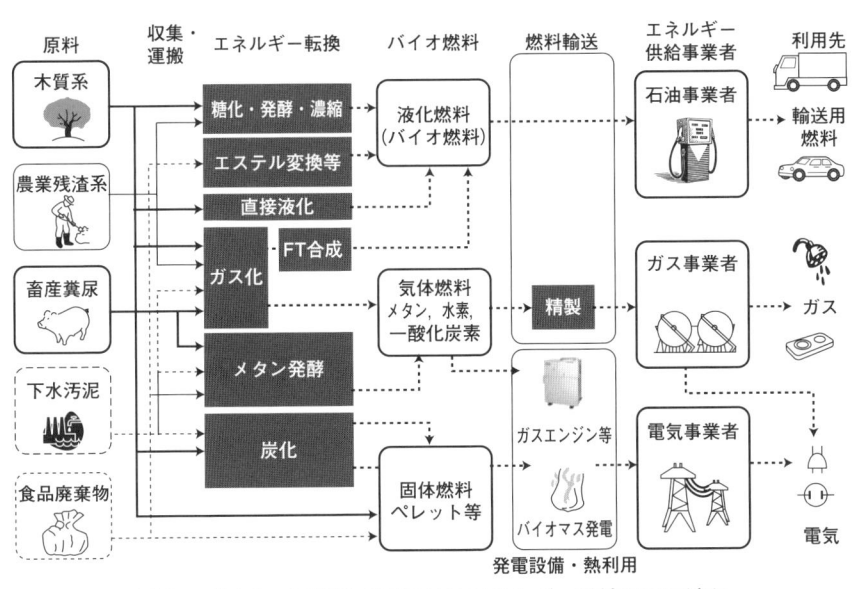

図2　バイオマス原料の収集からエネルギー供給までの流れ

［資源エネルギー庁、日本のエネルギー2010より作成］

第4章　$CO_2$排出削減のためどのような取り組みがなされているのでしょうか？

## Q38 電力事業ではどのような対策をとっていますか？

　電気は簡単に動力や熱、光など他のエネルギーに変換でき、また安全で応答性がよいことなどから、便利な電気機器が次々と開発され、私たちの生活や産業活動で広く利用されています。そのため、1次エネルギーに占める電力の割合（電力化率）は、45％近くにも達しています。実際、図1にみられるように、わが国の使用電力量は年々増大し、1970年代のオイルショック当時と比べ3.5倍にも増大しました。一方、その間、使用端での電力1 kWhあたりに排出される$CO_2$量（$CO_2$排出原単位）は、1970年代のおよそ0.6 kg-$CO_2$/kWhから2010年には0.41 kg-$CO_2$/kWh（クレジット反映後0.35 kg-$CO_2$/kWh）とおよそ30％削減することができました。その結果、3.5倍の電力量の増加に対し、$CO_2$排出量は2倍に抑えられました。

　発電端における各国の$CO_2$排出原単位を比較すると図2のようになります。日本の$CO_2$排出原単位は、原子力の比率が76％ときわめて高いフランスと水力の比率が60％に及ぶカナダには及ばないものの、他の欧米主要国より低い水準にあり$CO_2$削減に努力していることがわかります。

　電力事業における$CO_2$の排出削減対策として、第一に火力発電や原子力発電、水力発電などを適切に組み合わせた電源のベストミックスをはかる必要があります。2010年度の日本の発電電力の構成比は、火力61.7％（石炭：天然ガス：石油の比率はおよそ2：2：1）、原子力28.6％、水力9.7％でした。また、表1に

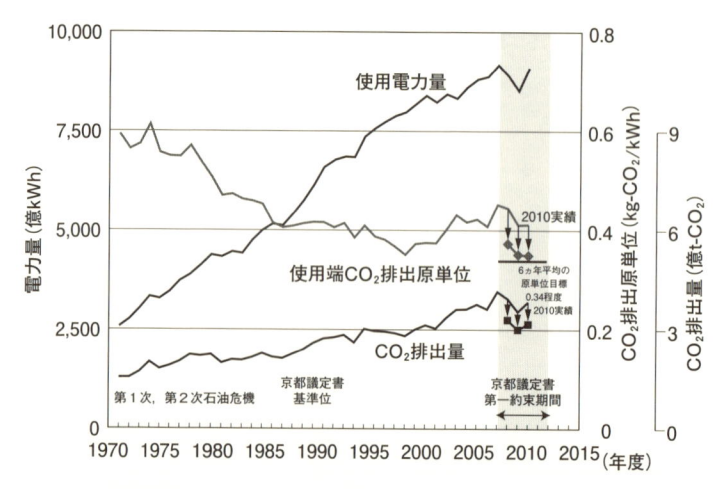

図1　電気事業からの$CO_2$排出量と使用端$CO_2$排出原単位の推移
[図1、図2、表1とも電気事業連合会 環境行動計画2011より作成]

示したように種々の$CO_2$排出削減対策にも取り組んでいます。対策は、「供給側におけるエネルギーの低炭素化（$CO_2$排出原単位の低減）」と「需要側におけるエネルギー利用の高効率化」に大別できます。前者では、非化石エネルギーの利用拡大や電力設備の効率向上を、また後者では、高効率電気機器の普及や未利用エネルギーの活用など、省エネルギー化を推進しています。さらには、スマートグリッド（電力の供給・需要両者を制御する高機能電力網）や$CO_2$の回収・貯留技術など、種々の研究開発を行っています。

電力設備の効率向上の一例を表2に示しました。最新鋭の発電機では発電端熱効率は60%近くにまで向上しており、約5.2%の送配電ロス率とともに世界最高の技術を擁しています。

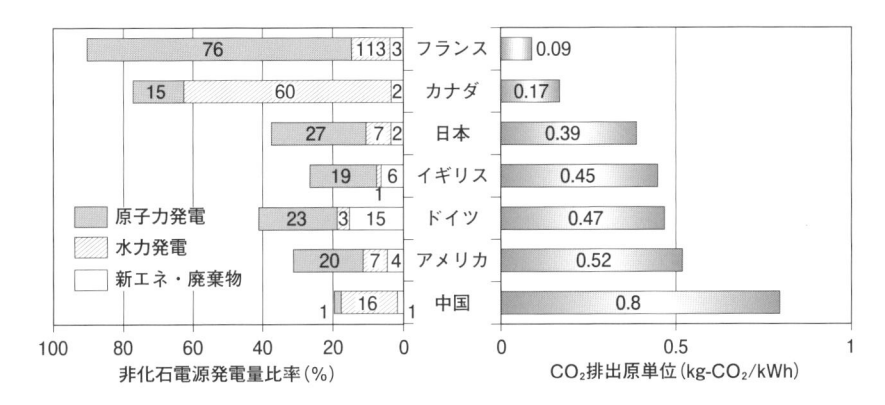

図2 発電端における$CO_2$排出原単位の各国比較（2009年）

表1 電力事業の$CO_2$排出削減対策

| | | |
|---|---|---|
| 供給側 | 非化石エネルギーの利用拡大 | ・再生可能エネルギーの開発・普及<br>・安全確保を大前提とした原子力発電の推進 |
| | 電力設備の効率向上 | ・火力発電熱効率のさらなる向上<br>・送配電ロス率の低減 |
| | 国際的な取り組み | ・京都メカニズム等の活用<br>・セクター別アプローチへの取組み |
| 需要側 | エネルギー利用の高効率化 | ・高効率電気機器の普及等<br>・未利用エネルギーの活用・負荷平準化の推進 |
| 他 | 研究開発等（供給側）<br>（需要側） | ・スマートグリッド、$CO_2$回収・貯留技術等<br>・超高効率ヒートポンプ、電気自動車関連技術等 |

表2 電力設備の効率の向上　［電気事業連合会資料より作成］

| | 1955年 | 1990年 | 2010年 |
|---|---|---|---|
| 発電端熱効率（設計値中の最大値）[%] | 33.1 | 48.6 | 59.0 |
| 発電端熱効率（稼働中の平均実績）[%] | 24.6 | 41.4 | 44.9 |
| 送配電ロス率 [%] | 18.4 | 5.7 | 5.2 |

## Q39 石油関連事業ではどのような対策をとっていますか？

2010年における世界の1次エネルギー消費量は、石油に換算すると120.0億tに達し、そのうち石油は40.3億t (33.6%) で、石炭、天然ガス、原子力等の中で最大を占めています。また、2010年の日本における1次エネルギー消費量は、石油換算で5.0億t、そのうち石油は2.0億t (40.2%) でした。このように、石油は自動車用のガソリンや発電所などの熱源、動力源として日常生活に欠かせない重要なエネルギー源である一方、化学製品の原料としても広く利用されています。

わが国では石油の99.6%を輸入しています。そのため石油を輸入し製品として利用するまでには、中東をはじめとした産油国からの海上輸送→原油貯蔵→精製・製油→国内貯蔵→国内輸送→販売→利用といった過程が必要となります。したがって、$CO_2$削減のためには、これらの各過程において、省エネルギー対策を推進し、エネルギーを徹底的に有効活用・高度化利用することが有効となります。具体的には図1に示したように、①製油所での省エネルギー対策、②輸送段階における省エネルギー対策、③石油消費段階での省エネルギー機器の開発普及、再生可能エネルギーの導入を推進しています。

①製油所における省エネルギー対策としては、(a) 制御技術・最適化技術の向上と運転管理の高度化、(b) 装置間の相互熱利用の拡大、廃熱・廃エネルギー回収設備の増設、(c) 設備の適切な維持管理による効率化、(d) 高効率装置・触媒の採用等を実施し、表1にみられるように改善目標値である13%を上回る省エネルギー改善を達成しました。$CO_2$排出原単位についても、2009年には20.68 kg-$CO_2$/kLと1990年の24.50 kg-$CO_2$/kLに比し16%削減されました。また国際的にみても、石油製品1 kLをつくるのに必要なエネルギー消費指数は、日本を100とした場合、西ヨーロッパ103、米国・カナダ113（2004年度実績）と高い効率で生産していることが実証されています。

②の輸送段階での省エネルギー対策としては、タンカーやタンクローリーの大型化と積載率の向上、油槽所の共同化や共同配船・配送などによる輸送距離の減少、物流の効率化を進めています。

③の石油製品を通した$CO_2$削減対策としては、安定的・経済的に調達できる再生可能バイオ燃料の導入、省燃費エンジンオイルの開発、高効率石油機器の普及拡大などを推進しています。また今後は、ガソリン車に比べ30%程度燃費が

高く、$CO_2$ 削減効果が大きく、欧州では新車販売台数の約 50%を占めるディーゼル乗用車の普及を推進することも対策の 1 つとなるでしょう。ディーゼルシフトによる $CO_2$ 削減効果は、図 2 に示したように 370 万 t-$CO_2$/ 年に及ぶと見込まれています。

---

石油業界の低炭素社会実行計画
〜石油の高度・有効利用によるエネルギー安定供給と温暖化対策の両立〜
【2020 年に向けた取り組み】
1. 石油製品の製造段階での取り組み
　　2010〜2020 年度の間に累積で原油換算 53 万 kL/ 年削減に向けた省エネ対策を実施→約 140 万 t-$CO_2$/ 年削減に相当
2. 石油製品の輸送・供給段階での取り組み
　　物流のさらなる効率化、給油所の照明 LED 化、太陽光発電設置など
3. 石油消費段階での取り組み
　　バイオ燃料の導入・利用, クリーンディーゼル乗車普及への働きかけ、高効率石油危機の普及拡大、石油利用燃料電池の開発普及など
【長期的な取り組み：革新的技術開発】
　　二酸化炭素回収・貯留技術、超臨界水利用重質油分解技術、炭化水素膜分離・吸着技術、など
【国際貢献】
　　世界最高水準のエネルギー効率を達成した日本の石油業界の知識や経験を途上国で活用

図 1　石油業界の低炭素社会実行計画 [今日の石油産業 2011 より作成]

---

ガソリン乗用車がディーゼル乗用車に 10％転換すると
① 使用燃料の転換による運輸部門での　　　$CO_2$削減効果＝200万t-$CO_2$/年
② ガソリンから軽油への転換による製油所での　　　$CO_2$削減効果＝170万t-$CO_2$/年

図 2　ガソリン車からディーゼル車へのシフトによる $CO_2$ 削減効果 [今日の石油産業 2011 より作成]

表 1　エネルギー消費原単位等の実績値の推移

| | 1990 | 2007 | 2008 | 2009 | 目標値 (08〜12平均) |
|---|---|---|---|---|---|
| 生産活動量（換算通油量）　[億 kL] | 12.6 | 20.0 | 19.3 | 19.0 | |
| エネルギー消費量　[原油換算百万 kL] | 12.9 | 17.3 | 16.9 | 16.3 | |
| 製油所エネルギー消費原単位 [原油換算 kL/ 生産活動量千 kL] | 10.19 | 8.64 | 8.73 | 8.61 | (8.87) |
| 対 90 年度改善率　[%] | − | 15 | 14 | 16 | 13 |
| $CO_2$ 排出量　[百万 t-$CO_2$] | 30.9 | 41.6 | 40.4 | 39.2 | |
| $CO_2$ 排出原単位　[kg-$CO_2$/ 生産活動量 kL] | 24.5 | 20.9 | 20.9 | 20.7 | |
| 対 90 年度改善率　[%] | − | 15 | 15 | 16 | |

[石油業界の地球環境保全自主行動計画（2010）より作成]

## Q40 鉄鋼業ではどのような対策をとっていますか？

鉄は、まず高炉や電気炉での製錬により粗鋼を取り出し、次に圧延や鍛造により板、棒、管などさまざまな鋼材とし、最終的には自動車や電気製品、建築などの基礎材料として、私たちの生活の中できわめて広く利用されています。2010年の世界の粗鋼生産量は 14.1 億 t、日本は 1.1 億 t で、中国の 6.3 億 t に次いで世界第 2 位となっています。日本の鉄鋼生産では、1970 年代のオイルショック以降、高張力鋼板や電磁鋼板、高強度・高耐食性鋼材など高機能鋼材の開発と省エネルギー化に努めてきました。

鉄鋼業における $CO_2$ 削減対策は、これらのエネルギー対策とも密接に関連しており、図 1 に示したように 3 つの柱：(1) 最先端の省エネ技術や設備によって、生産工程の $CO_2$ 削減を目指す「エコプロセス」、(2)軽くて強い高機能鋼材の供給を通じて、製品の使用段階での省エネを促進する「エコプロダクト」、(3)世界最高水準の省エネ技術を海外へ普及させることで世界規模での $CO_2$ 削減を目指す「エコソリューション」からなっています。これら 3 つのエコにより年間約 7,800 万 t の $CO_2$ 削減に貢献しています。7,800 万 $t$-$CO_2$ は、1990 年度における日本の $CO_2$ 総排出量の約 7％、鉄鋼業の $CO_2$ 排出量の約 39％に相当します。

具体的には、エコプロセスでは、オイルショックを契機に日本の鉄鋼業では、設備の高効率化、熱やガスなどの排エネ回収、温度管理など操業の改善、廃プラスチックの有効活用など、徹底した省エネに取り組んできました。この結果、日本の鉄鋼業は、図 2 に示したように世界で最も高いエネルギー効率を達成しています。鉄鋼業の $CO_2$ 排出原単位の推移を粗鋼生産量の推移とともに図 3 に示しました。1990 年と 2010 年の粗鋼生産量は各 1.05、1.08 億 t、$CO_2$ 排出原単位は各 1.92、1.73 $t$-$CO_2$/$t$- 粗鋼生産量でした。$CO_2$ の実排出量は、2.01 億 $t$-$CO_2$/ 年から 1.86 億 $t$-$CO_2$/ 年となり、$CO_2$ の排出量をおよそ 7.3％、1,500 万 t の削減を達成したことになります。

エコプロダクトは、高強度、高耐食性、高張力、電磁性などの特性をもつ高機能鋼材を開発し、これらの鋼材を自動車や発電用ボイラーなどに活用することにより、結果的に $CO_2$ の削減に貢献しています。国内の代表的な 5 製品について高機能鋼材を利用したことによる $CO_2$ 削減効果をライフサイクルアセスメント（LCA）により解析した結果を図 4 に示しました。2010 年における $CO_2$ 削減効果は 909 万 $t$-$CO_2$ となり、輸出高機能鋼材による削減効果と併せると、2,039 万 $t$-$CO_2$ の削減を達成したものと推定されます。

エコソリューションは、鉄鋼業で世界最高の省エネ技術を有する日本の省エネ技術を、国際的に共有することのできる国際活動をはじめ、省エネ診断・指導などを通し、地球規模で温暖化対策を行うものです。世界の粗鋼生産の半分近くを占め、かつ生産量が急増している中国との技術協力が重要になると考えられます。

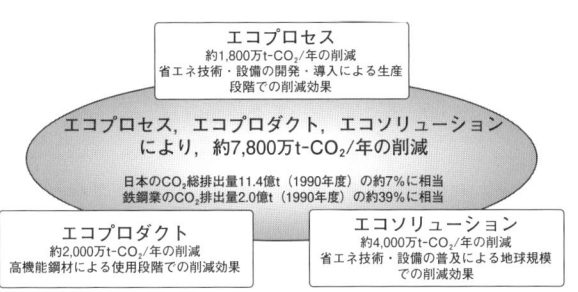

## 図1 鉄鋼業におけるCO₂削減のための取り組み：3つのエコ

**エコプロセス**
約1,800万t-$CO_2$/年の削減
省エネ技術・設備の開発・導入による生産段階での削減効果

**エコプロセス，エコプロダクト，エコソリューションにより，約7,800万t-$CO_2$/年の削減**
日本の$CO_2$総排出量11.4億t（1990年度）の約7％に相当
鉄鋼業の$CO_2$排出量2.0億t（1990年度）の約39％に相当

**エコプロダクト**
約2,000万t-$CO_2$/年の削減
高機能鋼材による使用段階での削減効果

**エコソリューション**
約4,000万t-$CO_2$/年の削減
省エネ技術・設備の普及による地球規模での削減効果

[日本鉄鋼連盟HPより作成]

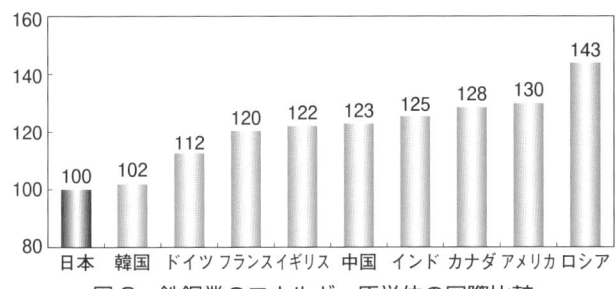

## 図2 鉄鋼業のエネルギー原単位の国際比較

| 日本 | 韓国 | ドイツ | フランス | イギリス | 中国 | インド | カナダ | アメリカ | ロシア |
|---|---|---|---|---|---|---|---|---|---|
| 100 | 102 | 112 | 120 | 122 | 123 | 125 | 128 | 130 | 143 |

## 図3 エコプロセスによる$CO_2$削減の推移

粗鋼生産量（億t）／$CO_2$排出原単位（t-$CO_2$/t-粗鋼）
1990～2010年

## 図4 エコプロダクト、国内鋼材使用段階でのCO₂削減効果（2010年度）

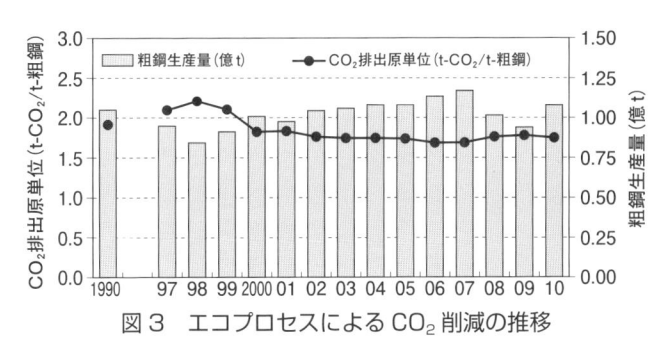

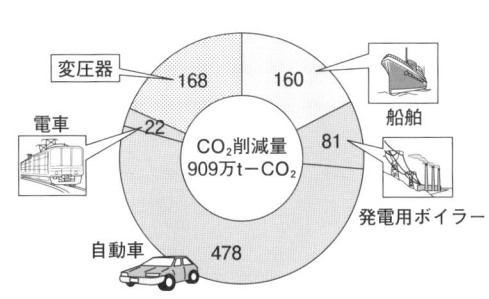

$CO_2$削減量 909万t-$CO_2$
- 変圧器 168
- 船舶 160
- 発電用ボイラー 81
- 自動車 478
- 電車 22

[図2～図4は日本鉄鋼連盟・鉄鋼業における地球温暖化対策の取組（2011/11）より作成]

第4章 $CO_2$排出削減のためどのような取り組みがなされているのでしょうか？

## Q41 廃棄物分野に関してはどのような対策をとっていますか？

　廃棄物分野から発生する温室効果ガスは、プラスチックなどの石油に由来する製品が捨てられて焼却する際に発生する二酸化炭素（$CO_2$）と、生ごみなどの生分解性のものが直接埋め立てられて、有機成分が微生物により分解されるときに発生するメタンが代表的です。

　このような温室効果ガスの排出を減らすには、発生する廃棄物そのものを減らす取り組みが最も重要です。その上で発生した廃棄物は、プラスチックなど可能な限り分別するとともに、生ごみなどを埋め立てることのないよう焼却等の処理を行い、発電などエネルギーの回収を最大限行って、適正に処理することが大切です。

　一般廃棄物の処理は市町村単位で行われており、京都市の計画を例にその状況をみてみることにしましょう。

　京都市の2008年度1年間のごみ量は、図1にみられるように57万tで、ごみの有料指定袋制の導入、プラスチック製容器包装の分別などにより、2000年度のピーク時の82万tから25万t減少しています。今後、取り組みをさらに進め、

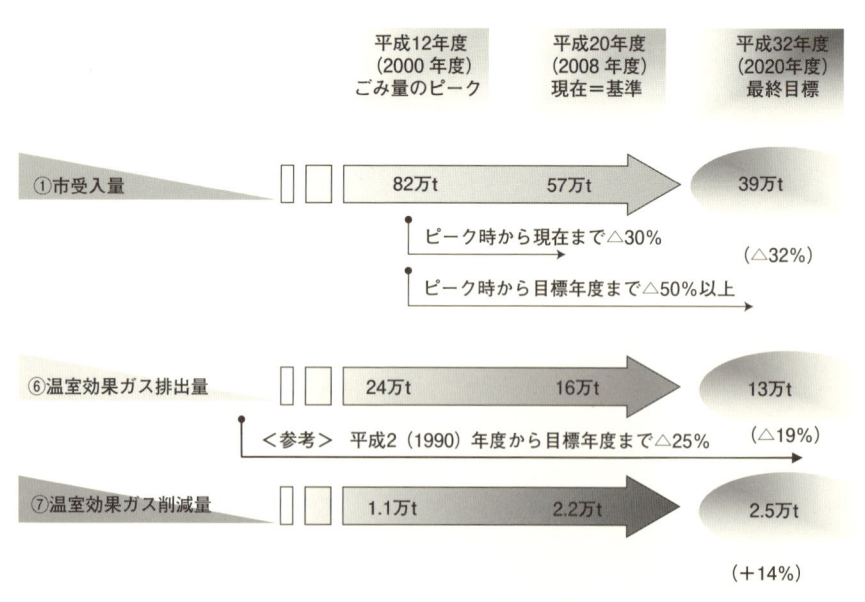

| | 平成12年度<br>（2000年度）<br>ごみ量のピーク | 平成20年度<br>（2008年度）<br>現在＝基準 | 平成32年度<br>（2020年度）<br>最終目標 |
|---|---|---|---|
| ①市受入量 | 82万t | 57万t | 39万t |
| | | ピーク時から現在まで△30% | （△32%） |
| | | ピーク時から目標年度まで△50%以上 | |
| ⑥温室効果ガス排出量 | 24万t | 16万t | 13万t |
| | ＜参考＞　平成2（1990）年度から目標年度まで△25% | | （△19%） |
| ⑦温室効果ガス削減量 | 1.1万t | 2.2万t | 2.5万t |
| | | | （＋14%） |

図1　京都市のごみ減量、低炭素社会構築に向けた取り組み目標
［図1、図2とも京都市循環型社会推進基本計画（2009－2020）より作成］

目標年である 2020 年度には、ピーク時の 50％以下の 39 万 t にまで減少させることとしています。

その結果、廃棄物処理事業からの温室効果ガス排出量は、図 1 にもみられるように、ピーク時の 24 万 t から 2008 年度には 16 万 t にまで減少し、さらに目標年の 2020 年度には 13 万 t にまで減少させることとしています。なお、ここでいう温室効果ガス排出量には、ごみの収集や処理施設の稼働のために使用するエネルギーから排出される $CO_2$ も含まれています。

ごみの焼却に際しては、焼却時の熱を利用して発電を行い、施設の稼働に必要な分を賄ったうえ、外部に供給しています。発電能力の高い施設を順次建て替え整備することにより、温室効果ガスの削減効果は、図 1 に示したようにピーク時の 1.1 万 t から目標年には 2.5 万 t にまで増加させることとしています。

なお、京都市では、最終処分場に埋め立てる際は、生ごみや木、紙、繊維など有機成分を含むものをすべて焼却していることから、メタンの発生は計上していません。

こうしたごみの大幅な削減に向けて、京都市では図 2 に示したように、「そもそもごみを出さない」「ごみは資源、可能な限りリサイクル」「ごみは安全に処理して最大限活用」という 3 つの基本方針と 9 つの基本施策のもと、取り組みを進めていくこととしています。

| 【3つの基本方針】 | 【9つの基本施策】 |
|---|---|
| 基本方針 1「そもそもごみを出さない」 | 1-(1) すぐにごみになるものを「買わない・つくらない」<br>1-(2) 事業所などから出るごみを減らす<br>1-(3) 分かりやすい情報提供と環境学習機会の拡大 |
| 基本方針 2「ごみは資源，可能な限りリサイクル」 | 2-(1) 徹底した分別によるリサイクルの推進<br>2-(2) 地域力を活かした地域密着型の取組の推進<br>2-(3) 「学生のまち，観光のまち」ならではの取組の推進 |
| 基本方針 3「ごみは安全に処理して最大限活用」 | 3-(1) ごみからのエネルギー回収の最大化<br>3-(2) 環境負荷を低減するごみの適正処理<br>3-(3) 市民の安心・安全とまちの美化の推進 |

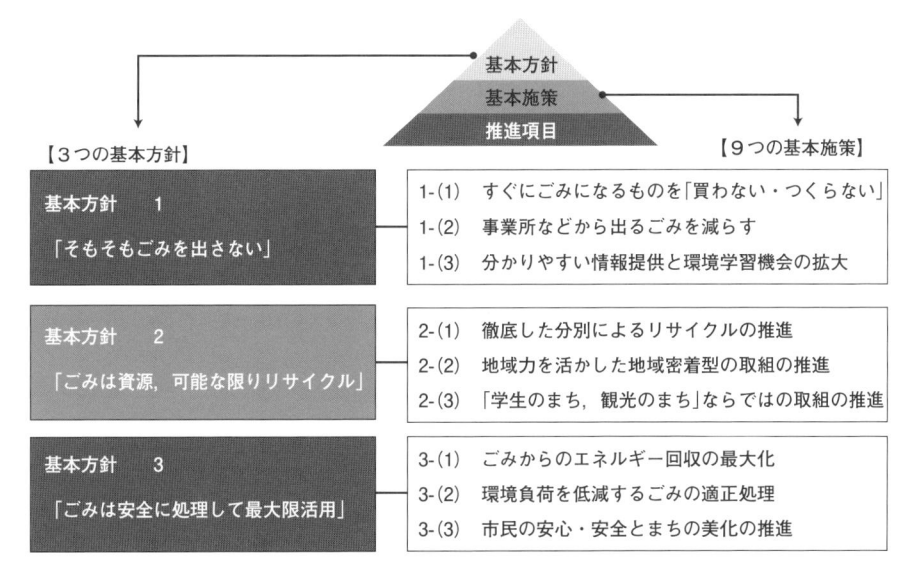

図 2　京都市における目標達成のための基本方針・基本施策

## Q42 自動車ではどのような対策をとっていますか？

わが国の運輸部門からの $CO_2$ 排出量は、Q17の図2にみられるように2001年にピークの2.67億 $t-CO_2$ に達し、それ以降は減少傾向を示しています。減少の要因としては、燃費の向上や物流の効率化、1991年以降の貨物車保有台数の減少、景気の低迷などが考えられます。

図1は2009年度における日本の部門別 $CO_2$ 排出量と運輸部門の内訳を示したものです。運輸部門の $CO_2$ 排出量は、日本の総排出量11.45億tの20％、2.30億tで、その内訳は、自家用乗用車や貨物車など自動車の排出量が1.93億tと運輸部門の88％を占め、日本の総排出量の18％に達しています。

各種乗り物の $CO_2$ 排出原単位を図2に示しました。旅客の輸送では、自家用自動車の $CO_2$ 排出原単位は鉄道やバスの3.5～9倍、また貨物の輸送においても、自家用・営業用貨物自動車の $CO_2$ 排出原単位は、鉄道や船舶の3～40倍大きく、$CO_2$ の排出量が多いことがわかります。日本を含め世界では、より便利でより早い、しかしながら $CO_2$ 排出原単位のより大きい乗り物の利用へと移行しています。自動車に係る $CO_2$ 削減対策では、技術的な対策のみならず物流など社会システムや生活スタイルをも含めた総合的な対策が不可欠といえましょう。

自動車の $CO_2$ 削減対策に関係する要因を図3に挙げました。自動車の中でも $CO_2$ 排出量が最大の自家用自動車の対策としては、まず「クルマ中心」社会を改める必要があります。$CO_2$ 排出量は、[$CO_2$ 排出原単位 x 走行距離 x （人数または貨物重量）] で表されることから、各項が小さくなるような対策を進める必要があります。対策は、①自動車単体の対策、②交通流の対策、③物流対策、④運転スタイル（エコドライブ）や生活スタイルの改善に大別することができます。①の単体対策は最も端的な対策で、車の小型化・軽量化、エンジンの高効率化、電動化（ハイブリッド）などがあり、それらは燃費を向上させます。燃費の規制は世界的にも強化されており、日本でもトップランナー基準（Q45参照）において、各種自動車に対し2010年燃費基準（1995年度実績比22.8％改善）、2015年燃費基準（2004年度実績比23.5％改善）が定められています。②の交通流対策は、排出原単位の低減にもまた走行距離の低減にも関連します。③物流対策、④生活スタイルの改善は主として走行距離の短縮に寄与します。

**要点　自動車の $CO_2$ 排出削減**

1) 日本の $CO_2$ 排出に運輸部門が占める割合は約20％で、そのうち自動車の割合が約90％ときわめて高く、運輸部門では自動車の $CO_2$ 排出削減が鍵となる。
2) 自動車の $CO_2$ 排出原単位は、鉄道や航空、船舶より数倍～数十倍大きい。
3) 自動車の $CO_2$ 削減の対策としては、脱「クルマ中心」社会を進める一方、$CO_2$ 排出原単位や走行距離の低減のための各種方策がある。

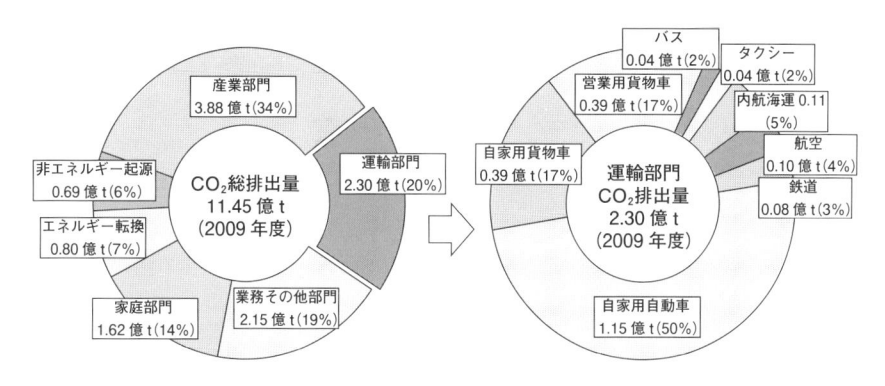

図1 部門別CO₂排出量と運輸部門の内訳（2009） ［図1、図2とも国土交通省HPより作成］

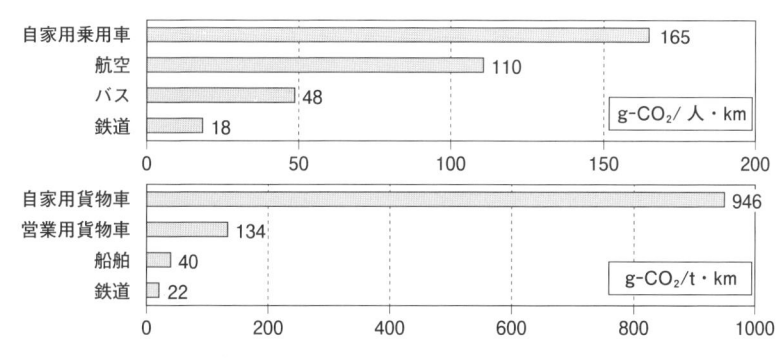

**CO₂総排出量 11.45億t（2009年度）**
- 産業部門 3.88億t（34%）
- 運輸部門 2.30億t（20%）
- 業務その他部門 2.15億t（19%）
- 家庭部門 1.62億t（14%）
- エネルギー転換 0.80億t（7%）
- 非エネルギー起源 0.69億t（6%）

**運輸部門CO₂排出量 2.30億t（2009年度）**
- 自家用自動車 1.15億t（50%）
- 営業用貨物車 0.39億t（17%）
- 自家用貨物車 0.39億t（17%）
- 内航海運 0.11億t（5%）
- 航空 0.10億t（4%）
- 鉄道 0.08億t（3%）
- バス 0.04億t（2%）
- タクシー 0.04億t（2%）

図2 旅客および貨物輸送、1km走行あたりのCO₂排出量（2009）

g-CO₂/人・km
- 自家用乗用車 165
- 航空 110
- バス 48
- 鉄道 18

g-CO₂/t・km
- 自家用貨物車 946
- 営業用貨物車 134
- 船舶 40
- 鉄道 22

CO₂排出量 ＝ CO₂排出原単位 × 走行距離 × （人数，貨物量）

**脱「クルマ中心」社会**
1) 社会システムの改善
　・地域交通総合戦略
　・公共交通網の整備
　・公共交通機関の利用促進
　・バス優先道路
　・流通の効率化
　・モーダルシフト
　　（鉄道、海運への移行）
2) 生活スタイルの改善
　・徒歩、自転車の利用
　・公共交通機関の利用
　・過大な車からの転換

**CO₂排出原単位の低減**
1) 燃費の改善
　・エンジンの改良
　・燃料（バイオマスなど）
　・エコドライブ
2) エコカーの普及
　・低燃費車、電気自動車
　・ハイブリッド車など
3) 交通流対策
　・高速道路交通システム（ITS）
　・道路整備ネットワークの整備
　・高速道路整備
　・交通渋滞の解消
　・交通事故低減

**走行距離の減少**
1) 保有台数の低減
2) 物流の効率化
　・トラック輸送の効率化
　・共同配送
　・計画的な集配・配送
　・積載率
　・最大積載量
3) 生活スタイルの改善
　・自動車の共同利用
　・無駄な車の使用制限
　・効率的自動車の利用

図3 自動車のCO₂削減対策

## Q43 電化製品の普及と省エネ化はどのような状況でしょうか？

　単身世帯を除く一般世帯における電化製品の普及率は図1にみられるように、1960年代の高度経済成長期から1973年のオイルショックまでに、「三種の神器」といわれた電気洗濯機、電気冷蔵庫、電気掃除機が、ほぼ一家に1台の普及をみるようになりました。その後、「3C」と呼ばれる乗用車、ルームエアコン、カラーテレビが登場し、1964年に開催された東京オリンピックを契機にカラーテレビが急速に普及しました。さらに、電子レンジ、VTRの普及、2000年以降では、温水洗浄便座、パソコン、デジカメ、携帯電話、VTRの後継ともいえる光ディスクプレーヤー・レコーダーと次々に新商品が登場し普及してきています。特に情報通信関連製品、個人用電化製品が目立っているのが特徴です。また、2011年7月にアナログ放送の地上デジタル放送への完全移行もあって、カラーテレビはブラウン管テレビから液晶、プラズマなどの薄型テレビへのシフトが顕著です。

　わが国では、省エネ法（エネルギーの使用の合理化に関する法律）で指定されたエネルギー多消費機器（特定機器、現在23機器）に対して「トップランナー基準」（Q45参照）が導入され、家電製品の省エネ化が進んでいます。2000年と2010年の家電の省エネ性能を比べると、冷暖房兼用・壁掛け形・冷凍能力2.8kWクラスの代表的エアコンでは約14％、400〜450L程度の冷蔵庫では約60％も省エネ化が進んでいます。32型のテレビでは図2にみられるようにブラウン管から液晶などの薄型テレビに移行し約64％の省エネ化となっています。また、60W

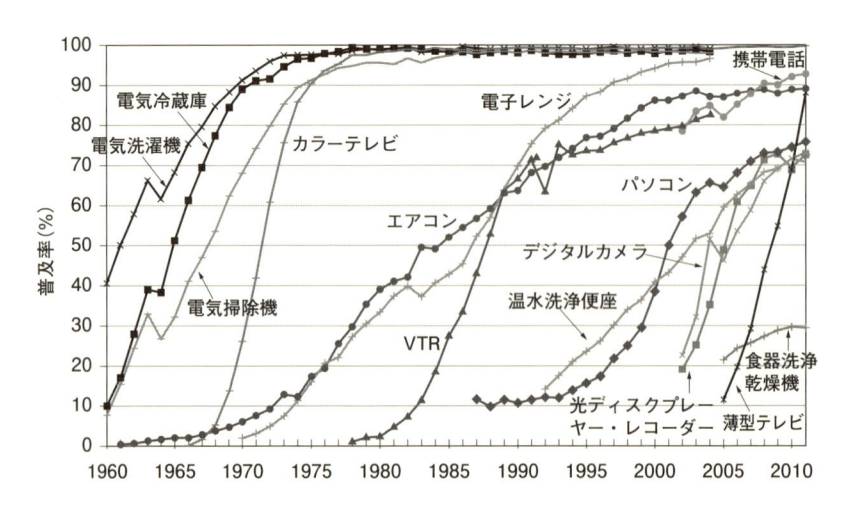

図1　一般世帯における電化製品普及率の推移
［内閣府消費動向調査より作成］

の一般電球を同程度の明るさの LED ランプに代えると約 80%もの省エネになります（省エネ家電普及促進フォーラム「省エネ家電おすすめ BOOK」2011 年度版）。ただし、こうした評価は平均的なもので、個々の機器性能や環境条件、使用条件によって異なるので注意が必要です。

トップランナー基準が達成された製品を普及させるためには、消費者への情報提供が重要です。そのために JIS 規格としての省エネラベルが導入され、現在 18 品目が対象となっており、カタログや本体にシンボルマークと性能等が図 3 のように表示されています。省エネ基準達成率が 100%を超えたときには、エコマークはグリーン色に、100%以下の場合はオレンジ色のエコマークとなります。また、エアコン、テレビ、冷蔵庫、電気便座、蛍光灯については、省エネラベルに加え、省エネ性能に応じた 1 つ星〜 5 つ星までの 5 段階評価結果や、年間の目安電気料金等も表示された統一省エネルギーラベルが用いられ、消費者の省エネ家電購入時に大いに参考になります。

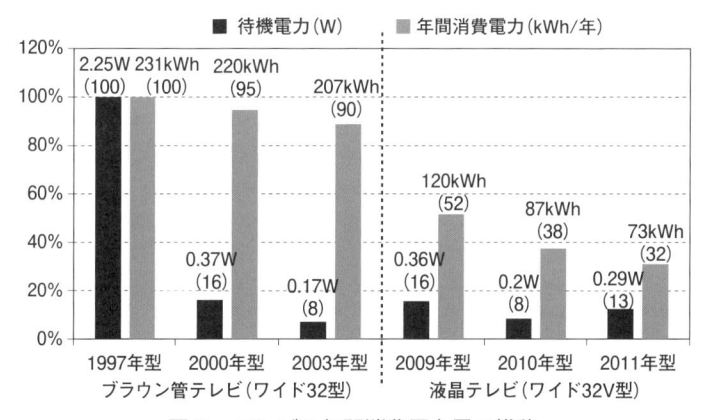

図2　テレビの年間消費電力量の推移
［省エネ性能カタログ 2011 年冬版より作成］

対象 18 製品

| エアコン | 電気便座 |
|---|---|
| 冷蔵庫 | 電子計算機（PC） |
| 冷凍庫 | 磁気ディスク装置 |
| 蛍光灯器具 | 変圧器 |
| ストーブ | ジャー炊飯器 |
| テレビ | DVDレコーダ |
| ガス調理機器 | ルーティング機器 |
| 電子レンジ | スイッチング機器 |
| ガス温水機器 | 石油温水機器 |

図3　省エネラベルと対象製品
［省エネルギーセンター「家庭の省エネ大辞」典 2011 年版より作成］

## Q44 照明革命、LEDの特長は何ですか？

　私たちが利用している照明は、1879年にエジソンが電灯を、1926年にゲルマーが蛍光灯を発明して以来現在に至るまで、これらが照明の主役を務めてきました。しかし、20世紀末にLEDが開発され、その性能が急速に改善され、実用化が広まっており、近い将来には多くの照明がLEDに取って代わるものと思われます。

　発光ダイオードと呼ばれるLEDは、Light Emitting Diodeの略で、電流を流すと発光する半導体素子であり、電気を光に直接変換し発光することから、従来の電球と比較した場合、以下のような多くの利点をもっています。

> **要点**　LEDの代表的な利点
> 1) 蛍光灯や白熱灯よりエネルギー効率が高く、さらに高効率化、高性能化が急速に進んでおり、また寿命が約4万時間と蛍光灯の約4倍、白熱灯の約40倍長持ちすることなどから、省エネ効果、$CO_2$削減効果がきわめて大きい。
> 2) 小型・軽量であることから、自由度が高く応用範囲が広い。
> 3) 応答速度は100万分の1以下ときわめて速く、また点灯性に優れている。
> 4) 可視光以外はほとんど放射されないことから、色あせや物の損傷がない。
> 5) 蛍光灯での水銀といったような環境や健康に有害な物質を含まない。

　発光効率が高くエネルギー消費が小さいこと、また寿命が長いことは、結果的に$CO_2$の排出削減に大きく寄与することになります。白色LEDの発光効率は1996年の実用化以後急速に改善され、現在では70 lm/W以上の高い効率をもった照明ランプも開発されています。今後もさらに高性能化の研究・開発が進み、将来的には150〜200 lm/W程度にまで達するものと期待されています。

　白熱灯、蛍光灯、LEDの性能、経済性、$CO_2$排出量などを表1に比較し示しました。LEDは現時点でも高効率化、高輝度化、自然光により近い高演色性化など品質の向上がはかられ、一方低価格化が進んでいることから、今後さらにLEDの優位性は高まり、5〜10年の間に照明は白熱灯や蛍光灯からLEDへと「照明革命」が進むものと考えられます。また、LEDは利用時ばかりでなく、生産から廃棄に至るLEDの一生を通してエネルギー消費量を低く抑え、$CO_2$排出量を削減することができます。

　なおLEDの電源には、家庭で使用されている交流とは異なる直流を用います。また、現在用いられているLED照明器具の多くは、白熱灯や蛍光灯に用いられ

ているソケットを利用しています。そのため、LEDランプも白熱灯や蛍光灯と同じ形状とし、さらには直流に変換するための変換器を取り付ける必要があるため、白熱灯や蛍光灯に比べかなり重たくなり、本来の小型・軽量という利点を生かせていません。将来的には、直流に変換されたコンセントから、直接LEDを利用できるようにすれば、さらなる省エネ化、$CO_2$削減を可能とすることができると考えられます。また、小型・軽量を生かし、面タイプの照明など利用に即した光源をつくることも可能となります。

　LEDは照明のみならず、携帯電話や信号機等々広く利用されています。表2に代表的なLEDの応用機器を挙げました。多くの利点をもち、今後も性能向上が見込まれることから、その応用範囲はさらに拡大するものと思われます。

表1　照明器具の性能、経済性、$CO_2$排出量の比較

| | 白色LED電球<br>(60W型相当) | 60W白熱灯 | 電球型蛍光灯<br>(60W型相当) |
|---|---|---|---|
| 消費電力 | 9 W | 54W | 12W |
| 発光効率 [1] | 89 lm/W | 15 lm/W | 67 lm/W |
| 定格寿命 | 40,000 時間 | 1,000 時間 | 10,000 時間 |
| 年間取り替え回数 [2] | 0.07 回/年 | 2.92 回/年 | 0.29 回/年 |
| ランプ費用(/年) [2] | 3,300円 (241/年) | 80円 (234/年) | 1,000円 (292/年) |
| 年間電気代 [2] | 604 円/年 | 3,627 円/年 | 806 円/年 |
| 年間コスト [3] | 845 円/年 | 3,860 円/年 | 1,098 円/年 |
| 年間$CO_2$排出量 [4] | 11 kg/年 | 63 kg/年 | 14 kg/年 |

1) 全光束を800 lmと想定、2) 電気代23円/kWh、1日8時間使用としての見積り
3) 年間ランプ費用＋年間電気代、4) 0.400 kg-$CO_2$/kWhとして計算
注) LEDは高品質化が急速に進んでおり、今後もさらに改善された数値になるものと推測される。

表2　LEDの応用

| | |
|---|---|
| 照明 | 室内外照明、イルミネーション、街路灯、懐中電灯、小型部分照明、冷蔵・冷凍庫内照明 等 |
| 家電、AV機器 | DVD、CD、テレビ、エアコンなど家電製品のインジケータ 等 |
| 事務機器、OA | 液晶パネル用バックライト、電子計算機、プリンター、スキャナー 等 |
| 計測、制御 | 各種センサー、自動ドア、自動販売機 等 |
| 医療、健康 | 医療検査機、歯科治療用光硬化、サポートシステム 等 |
| 美術・工芸品 | 美術品、伝統工芸品の照明、アクセサリー 等 |
| 広告 | 屋外・屋内表示板 等 |
| 通信 | 無線LAN、ファイバー通信 等 |
| 交通、運輸 | 飛行機・電車室内灯、車両灯、信号標識、案内板、マーク 等 |
| 自動車 | 車内灯、メーターランプ、ストップランプ、テールランプ 等 |
| 防犯 | 非常灯、誘導灯、煙感知器、ガス漏れ感知器 等 |
| 農林、漁業 | 植物成長促進用光源、誘蛾灯、集魚灯、疑似餌 等 |

## Q45 省エネのためのトップランナー基準とは何でしょうか？

　省エネルギーは、実効性のあるエネルギー削減対策、$CO_2$削減対策として最も基本となる技術です。日本では1973年のオイルショックを契機に1979年に「エネルギーの使用の合理化に関する法律（省エネ法）」を制定しました。それ以降、産業界では省エネ技術の開発に力を注ぎ、省エネの推進に大きな役割を果たしてきました。しかしながらその後も、家庭や商業、サービス業などの民生部門と運輸部門を中心にエネルギー消費量は増大しました。1997年に京都で開催されたCOP3（Q37参照）を受け、1998年に省エネ法の大幅な改正が行われました。この中で、民生や運輸部門のエネルギー消費量の増加を抑制するために、エネルギーを多量に消費する機器に対し、省エネ性能を向上させるための目標基準として「トップランナー基準」が設けられました。そして、製造業者等はトップランナー基準を遵守することが義務づけられ、未達成の製造者等には、勧告や公表、命令、罰金といった措置が課せられています。

　トップランナー方式とは、図1の概念図に示したように、ある対象商品に対し目標年度を定め、「目標年度までに、基準設定時に商品化されている製品のうち最も優れた性能をもつ商品（トップランナー）以上の性能を有する商品とする」ことにより、省エネ化をはかろうとする考え方をいいます。トップランナー基準の対象となる製品は、わが国で大量に使用され、相当量のエネルギーを消費し、かつエネルギー消費効率を高めることが特に必要な機器として選定され、「特定機器」と呼ばれています。特定機器は、図1中に示したように1999年4月以降順次追加され、現在は23品目が指定されています。

　トップランナー基準の一例として、エネルギー消費効率改善の実績結果を表1に示しました。すべての機器について、目標年度までに当初の見込みを上回るエネルギー消費効率の改善が達成されています。

　これらの商品を購入する際、省エネ性能等が表示されていれば、エコ商品選定の参考となり、省エネ化・$CO_2$削減に寄与できます。そこで、Q43の図2に示した「省エネルギーラベル」と「統一省エネルギーラベル」が導入されました。前者では、①省エネ性マーク、②省エネ基準達成率、③エネルギー消費効率、④目標年度が記載されています。また後者は、省エネルギーラベルに加え、年間の目安電気料金とともにトップランナー基準の達成度合いを星の数で表示しています。現在エアコンなど5品目が指定されており、表2に5品目の2011年設定の多段階評価基準を示しました。

---

**要点**　トップランナー基準は$CO_2$削減に大きく寄与

1) 1970年代のオイルショックを契機に省エネ法の制定、省エネ技術の進展。
2) 1997年のCOP3を受け省エネ法を大幅改正、トップランナー基準を導入。
3) 同基準により省エネ、$CO_2$削減が促進、基準は改定のたびにより厳しく。

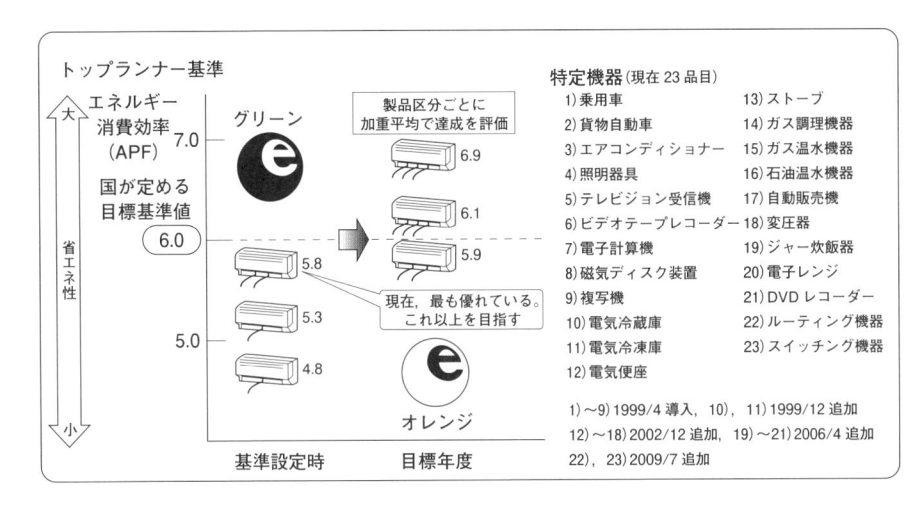

```
トップランナー基準
 ↑  エネルギー            グリーン    製品区分ごとに
 大  消費効率                         加重平均で達成を評価
    (APF)   7.0
    国が定める                              6.9
    目標基準値                         6.1
省  ( 6.0 )
エ                    5.8              5.9
ネ                                現在、最も優れている。
性         5.0       5.3         これ以上を目指す
 ↓                    4.8
 小                            オレンジ
              基準設定時      目標年度
```

```
特定機器(現在23品目)
 1) 乗用車           13) ストーブ
 2) 貨物自動車        14) ガス調理機器
 3) エアコンディショナー 15) ガス温水機器
 4) 照明器具         16) 石油温水機器
 5) テレビジョン受信機  17) 自動販売機
 6) ビデオテープレコーダー 18) 変圧器
 7) 電子計算機       19) ジャー炊飯器
 8) 磁気ディスク装置  20) 電子レンジ
 9) 複写機          21) DVDレコーダー
10) 電気冷蔵庫       22) ルーティング機器
11) 電気冷凍庫       23) スイッチング機器
12) 電気便座

1)～9) 1999/4 導入, 10), 11) 1999/12 追加
12)～18) 2002/12 追加, 19)～21) 2006/4 追加
22), 23) 2009/7 追加
```

図1　トップランナー基準の概念図と特定機器23品目

表1　トップランナー基準の実績例

| 機 器 名 | エネルギー消費効率改善（省エネ基準でみた改善率） | |
|---|---|---|
|  | (基準年度→目標年度) 当初見込み | 実績 |
| ガソリン乗用自動車※ | (1995 → 2010 年度) 22.8 % | (1995 → 2005 年度) 22.8 % |
| ディーゼル貨物自動車※ | (1995 → 2005 年度) 6.5 % | 21.7 % |
| テレビ (液晶, プラズマ) | (2004 → 2008 年度) 15.3 % | 29.6 % |
| ビデオテープレコーダー | (1997 → 2003 年度) 58.7 % | 73.6 % |
| ルームエアコン※ | (1997 → 2004 年度) 66.1 % | 67.8 % |
| 電気冷蔵庫 | (1998 → 2004 年度) 30.5 % | 55.2 % |
| 蛍光灯器具※ | (1997 → 2005 年度) 16.6 % | 35.7 % |

※を付した機器の省エネ基準：単位あたりのエネルギー消費効率(例：燃費 km/L)
※を付していない機器の省エネ基準：エネルギー消費量(例：kWh/ 年)

表2　統一省エネルギーラベルでの多段階評価基準（5つ星評価基準：2011/4）

| 多段階評価 | 省エネ基準達成率 | | | | |
|---|---|---|---|---|---|
|  | エアコン | 液晶、プラズマテレビ | 電気冷蔵庫 | 蛍光灯器具 | 電気便座 |
| ★★★★★ | 121%～(以上) | 155%～ | 198%～ | 124%～ | 188%～ |
| ★★★★ | 114%～121% | 128%～155% | 165%～198% | 112%～124% | 159%～188% |
| ★★★ | 107%～114% | 100%～128% | 133%～165% | 100%～112% | 129%～159% |
| ★★ | 100%～107% | 70%～100% | 100%～133% | 79%～100% | 100%～129% |
| ★ | ～100%(未満) | ～70% | ～100% | ～79% | ～100% |

「～」の左側の数値は「以上」を、右側の数値は「未満」を表す
［図1、表1、表2とも、資源エネルギー庁・トップランナー基準（2010年3月版）、省エネ性能カタログ2011年夏版より作成］

第4章　$CO_2$排出削減のためどのような取り組みがなされているのでしょうか？

## Q46 オフィスビルではどのような取り組みが行われていますか？

　オフィスの$CO_2$削減対策は、無駄なエネルギーを使用しない、エネルギー効率を上げるといった省エネ対策ということができます。エネルギー消費の大きいオフィスビルは省エネ法の特定事業者に該当するため、エネルギーの使用量や中長期的なエネルギー使用の合理化を推進するための計画を立案し、毎年提出しなければなりません。

　オフィスビルでの具体的な省エネの取り組み例としては、表1に示すような方法があります。ここでは表1の項目の一部について説明しますが、最初にオフィスのエネルギー消費の実態、特徴などについて概観しておきます。

　オフィスなどを含む業務部門でのエネルギー消費は多岐にわたっています。発電設備や冷暖熱供給設備があるかどうかによっても大きく異なってきます。図1は一般的なオフィスビルにおけるエネルギー消費構造を示したものです。オフィスで消費するエネルギーの多くは、およそ40%を占める照明/コンセントや30%を占める冷暖房（図1では熱源と表現）により消費されます。また、空気搬送や水搬送の搬送動力、エレベータなどの昇降機などにもエネルギーが必要となる点が家庭とは異なります。

　一般的には、オフィスの活動時間帯である平日昼間にエネルギー消費ピークがあります。また、家庭と比べると、エネルギー消費に占める冷暖房の割合が大きい傾向があります。なお、室内では照明やOA機器、人の体熱といったものも熱源になります。

　さて、オフィスにおける具体的な省エネの方法ですが、家庭と同様、オフィスでも最も省エネにつながるのは、新しい機器を導入するときに省エネ型の機器を導入することです。ただし、導入対象としては、設備施設や機械室にある大型の電気設備や熱源設備をはじめ、照明やパソコン、コピー機、自動販売機などさまざまなものがあります。

　ビル全体の空調、照明、設備機器などのエネルギー消費を総合的に管理・監視する方法をBEMS（ビルエネルギー管理システム）と呼びます。これによりエネルギー消費や設備機器の運転状況を一元的に把握できるため、設備機器の効率的な運転計画を立て、エネルギー消費を最小化することができます。

　熱や水の搬送に関しては、空調やポンプの動力へインバータを導入することにより電力消費量を削減することができます。これはモーターの回転数を需要に応じて変動させることにより電力消費量を削減する技術です。

　照明の省エネは、Hf蛍光灯（高周波点灯蛍光灯）やLED照明など高効率照明への切り替えが一般的な方法です。また、不必要な照明の使用を減らすため、照明スイッチの細分化や人感センサーの導入も有効です。

　昼休みや帰宅時の照明の消灯や未使用時のパソコンのスリープモードの利用、

空調のオフなどオフィスを利用する人々の省エネへの取り組みも、削減効果があります。また、夏のクールビズや冬のウォームビズを推奨し、冷暖房温度を見直すこともエネルギー削減に有効です。さらには、オフィスの消費電力などエネルギー使用量の見える化を行うことも省エネ意識を高める効果があります。

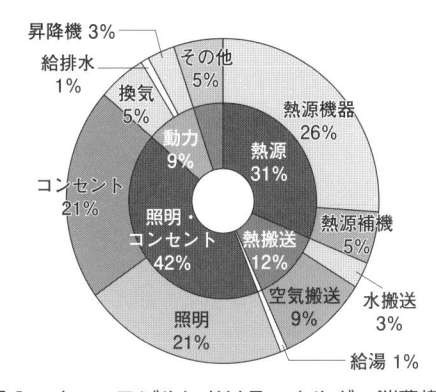

図1　オフィスビルにおけるエネルギー消費構造
［省エネルギーセンター「オフィスビルの省エネルギー」より作成］

表1　オフィスにおける省エネの方法の例

| 横断的事項 | BEMSの活用 |
| | ESCOの活用 |
| | 太陽光発電設備、小型風力発電設備、燃料電池の導入 |
| 空調（熱源・熱搬送） | 外気冷房 |
| | 外気量の適正化 |
| | 遮熱フィルムの利用、ブラインド利用 |
| | 屋上・壁面緑化、屋根散水 |
| | 空調の運転スケジュールの見直し |
| | ボイラの燃料転換（重油または灯油から都市ガスへの燃料転換） |
| | ボイラの運転の適切な管理 |
| | インバータの導入（可変風量方式、可変流量方式の採用） |
| | 吸収式冷凍機からターボ式冷凍機への機器の更新 |
| | 全熱交換器の導入 |
| 照明 | 高効率照明への切り替え（Hf蛍光灯やLED照明への切り替えなど） |
| | 昼光の利用（昼間は窓際の照明を消灯する） |
| | 人感センサーの利用 |
| | 照明スイッチの細分化 |
| | タスクアンビエント照明 |
| | 誘導灯のLED化 |
| コピー機・自動販売機 | 省エネ型複写機の導入 |
| | 省エネ型自動販売機の導入 |
| | 自動販売機のタイマー制御 |
| エレベータ・エスカレータ | エレベータの閑散期の台数制御 |
| | エスカレータの人感センサーやインバータ制御の導入 |
| オフィス人員による取り組みの推進 | 昼休み、帰宅時の照明の消灯、空調の切断 |
| | 未使用時、パソコンのスリープモードの利用 |
| | オフィスの消費電力などエネルギー使用量の見える化 |
| | クールビズ、ウォームビズの推奨 |
| その他 | 高効率変圧器の導入 |

## Q47 家庭ではどのような取り組みができますか？

　家庭でできる$CO_2$削減の取り組みを表1に示しました。家庭でもオフィスと同様に、$CO_2$削減＝省エネ対策といえます。家庭で省エネ化を進める上で最も重要なことは、機器の買い替え時や新しく機器を購入する際に、できるだけエネルギー効率の高いものを選択することです。特に、家庭における年間消費電力量の大きい冷蔵庫、テレビ、エアコンおよびエネルギー消費の大きい給湯機の購入時にはQ43の図3にみられるような省エネラベルなどを参考にし、年間電気料金なども考慮に入れて、購入することが重要です。

　また、購入時のコストは高くつきますが、一般車からエコカーへの買い替えや太陽光発電の導入は、家庭の$CO_2$削減に大きな効果があります。また、白熱電球を電球型蛍光灯やLED電球に交換することは、簡単なうえに、高い経済的効果が見込めます。

　住宅における熱の出入りは、一般的に窓などの開口部からの出入りが最も大きくなります。したがって、冷暖房機器を使用する場合は、なるべく窓から暖かいまたは冷たい空気を逃がさない工夫をすることが重要になってきます。熱を逃がさない例としては、カーテンを閉める、ホームセンターで売っている窓用断熱シートを貼るなど簡易な対策のほか、二重窓を設置するという新築・改修時の対策があります。

　エアコンは消費する電気エネルギーのおよそ4～6倍の熱エネルギーを利用することができることから、主暖房を灯油ストーブ、ガスストーブなどからエアコンに切り替えることで$CO_2$を削減することができます。なお、燃料コストについてもエアコンを利用する方が灯油ストーブよりも割安となります。

　電気カーペットや電気こたつを含めた電気ヒーター類は、他の暖房器具に比べて総合的なエネルギー効率は低いですが、部屋全体の暖房器具と組み合わせ部屋の一部を局所的に暖める場合には有効です。

　テレビ、エアコンなどのリモコン操作で作動する機器やパソコンなど多くの電化製品は、待機電力といって機器を使用していなくても電力を消費しています。これらは主電源を切ったり、コンセントからプラグを抜いておくことで無駄な電力消費を抑えることができます。

　また、環境家計簿（Q14参照）を用いて毎月の電気、ガス、灯油、ガソリン消費量などをまとめ、同時に毎月の$CO_2$排出量を推算したり、個別機器の消費電力などを計測できる「エコワット」などを用いて、自分の家のどこでどれくらいの電気が消費されているか把握することは、家庭での$CO_2$削減の第一歩として重要なことです。

表1 家庭でできる$CO_2$削減行動

| | 省エネ、$CO_2$削減のための行動 | 費用 | $CO_2$削減効果 |
|---|---|---|---|
| 冷蔵庫 | 冷蔵庫の買い替え時にできるだけ効率のよいものを購入する | ◆◆（◆） | ☆☆☆ |
| | 冷蔵庫の後ろや脇に十分なスペースを確保しておく | ー | ☆☆ |
| | 外の気温に合わせてこまめに設定温度を調節する | ー | ☆☆ |
| | 冷蔵庫に物を詰め込みすぎない | ー | ☆☆ |
| | 扉の開放時間をなるべく減らす | ー | ☆ |
| テレビ | テレビの買い替え時にできるだけ効率のよいものを購入する | ◆◆（◆） | ☆☆☆ |
| | 省エネモードや明るさレベルを下げる | ー | ☆☆ |
| 冷暖房 | エアコンの買い替え時にできるだけ効率のよいものを購入する | ◆◆（◆） | ☆☆☆ |
| | 冷暖房使用時にカーテンを閉める | ー | ☆☆ |
| | 窓用断熱シートを貼る | ◆ | ☆☆ |
| | 立てかけ型窓用断熱シートを置く | ◆ | ☆☆ |
| | 二重窓を設置する | ◆◆◆ | ☆☆（☆） |
| | 断熱リフォームを行う | ◆◆◆ | ☆☆（☆） |
| | すだれやひさしで直射日光を避ける | ◆（◆） | ☆☆ |
| | 床とこたつ敷布団や電気カーペットの間に銀マットを敷く | ◆ | ☆☆ |
| | 灯油ストーブやガスストーブからエアコンに切り替える | ◆◆（◆） | ☆☆☆ |
| | エアコンのフィルターを掃除する | ◆ | ☆☆ |
| | 室外機の周りに物を置かない | ー | ☆☆ |
| | 扇風機などを利用して室内の空気を循環させる | （◆） | ☆☆ |
| 電気ポット、電気炊飯器、電気温水便座 | 電気炊飯器の保温を減らす（なくす） | ー | ☆☆ |
| | 電気温水便座の購入時は瞬間式を購入する | ◆◆ | ☆☆☆ |
| | 電気温水便座のふたを閉めておく | ー | ☆☆ |
| | 冬以外の季節には電気温水便座の電源を切っておく | ー | ☆☆ |
| | 電気ポットを就寝時に切っておく | ー | ☆☆ |
| | 電気ポットの保温をやめる | ー | ☆☆ |
| 照明 | 白熱電球を電球型蛍光灯やLED電球に交換する | ◆ | ☆☆ |
| | 昼間は外の光を取り入れる | ー | ☆☆ |
| | 昼と夜で室内の明るさを変える | ー | ☆☆ |
| 待機電力 | テレビやエアコンなどの主電源を切る、コンセントからプラグを抜く | ー | ☆（☆） |
| 給湯 | 太陽熱温水器を設置する | ◆◆◆ | ☆☆☆ |
| | ヒートポンプ式給湯器や潜熱回収型給湯機など高効率給湯機を導入する | ◆◆◆ | ☆☆☆ |
| 調理 | 料理の下ごしらえに電子レンジを使用する | ー | ☆（☆） |
| | 鍋でお湯を沸かすときにふたをする | ー | ☆ |
| 移動（自動車） | 自動車を買い替えるときはエコカーにする | ◆◆◆ | ☆☆☆☆ |
| | 買い物に公共交通機関や自転車を利用する | ◆（◆） | ☆☆（☆） |
| その他 | 太陽光発電を設置する | ◆◆◆ | ☆☆☆☆ |
| | 部屋を片付けてから掃除を行う | | ☆ |
| | 洗濯乾燥機の利用をできるだけ控える | | ☆☆（☆） |
| | ウェブサイトを利用して情報を得る | （◆） | ☆（☆） |

<$CO_2$削減効果> 期待される年間$CO_2$削減量
　☆：数kg $CO_2$程度、☆☆：数十kg $CO_2$程度、☆☆☆：数百kg $CO_2$程度、☆☆☆☆：数千kg $CO_2$程度
<費用>
　ー：かからない、◆：数百〜数千円程度、◆◆：数万円程度、◆◆◆：数十万円以上

第4章 $CO_2$排出削減のためどのような取り組みがなされているのでしょうか？

## Q48 エコドライブってどんなことですか？

　日本における運輸部門からの$CO_2$排出量は、図1にみられるように全体の20%で、その約80%を自動車が占めています。したがって、自動車由来の$CO_2$排出量を削減することは非常に重要であることがわかります。自動車で同じ距離を移動しても、運転技術の違いやエアコンのオンオフなどによって消費されるガソリンや軽油の量は違ってきます。1人1人が意識して燃費を少しでも少なくなるように運転することで、自動車からの$CO_2$排出量を減らすことができ、また有限な資源である化石燃料の使用量も減らすことができ、財布にも優しくなります。燃費を向上させ$CO_2$排出量を減らす運転技術や運転前の点検など「エコドライブ」は、お金をかけて最新技術を導入することなく誰もが実行できる$CO_2$対策です。

　エコドライブは、2005年に閣議決定された「京都議定書目標達成計画」の中で、「環境に配慮した自動車使用の促進」の施策の1つとして取り上げられ、温暖化防止の重要な対策になっています。実践可能なエコドライブの具体例を表1に示しました。自動車の運転操作に関わるもの、それ以外の車両に関わるもの、走行ルート等の情報に関わるものがあります。

　エコドライブによる燃料消費削減効果は、車種や走行条件で異なります。省エネルギーセンターが行った、1,300 cc 車9台と2,300 cc 車11台が東京都内一般道を56 km 走行して競うスマートドライブコンテストの結果によれば、運転操作に注意を払ったエコドライブでは、平均で25.7%も燃料を削減できることが明らかとなりました。その内訳は、発進時9.7%、巡航時3.4%、減速時2.1%、停止時10.5%で、穏やかな発進とアイドリングストップの効果が大きくなっています。運転操作以外の影響では、5分間の暖機で燃料が160 cc 程度消費され、外気温25℃でエアコンを使用すると14%程度、35℃では38%も燃費が悪くなります。さらに、110 kg の不要な荷物を載せて走ると3.4%程度、タイヤの空気圧が適正値より50 kPa 不足すると、市街地で2.5%程度、郊外で4.3%程度、それぞれ燃費が悪くなります。空気抵抗が10%増加した場合、これは窓を全開した状態に相当しますが、燃料消費は市街地で1%程度、郊外では3%程度増加します。

　また、国立環境研究所が行った実験では、図2のようにハイブリッド車も含めてエコドライブにより燃費が改善され、10%以上の$CO_2$排出量削減効果が報告されています。これを単純にすべての自家用車にあてはめると、わが国の$CO_2$排出量を1%以上削減できることになります。

　なお、アイドリングストップを行う場合、製造から年数が経過した古い車ではエンジン停止で油圧装置が作動せずブレーキがきかなくなる場合もあり、運転者に余裕がないときには危険も伴うので注意が必要です。急発進・急加速を避け、制限速度を守り、できる限り一定の速度で走行すること、先の交通を予測して早めにアク

セルから足を離す（アクセルオフ）などを心がけることだけで燃費は向上します。ただし、エコドライブでも走行距離が伸びると$CO_2$排出量は増えてしまいます、必要なとき以外は公共交通機関等を利用し車を使用しないことも重要です。

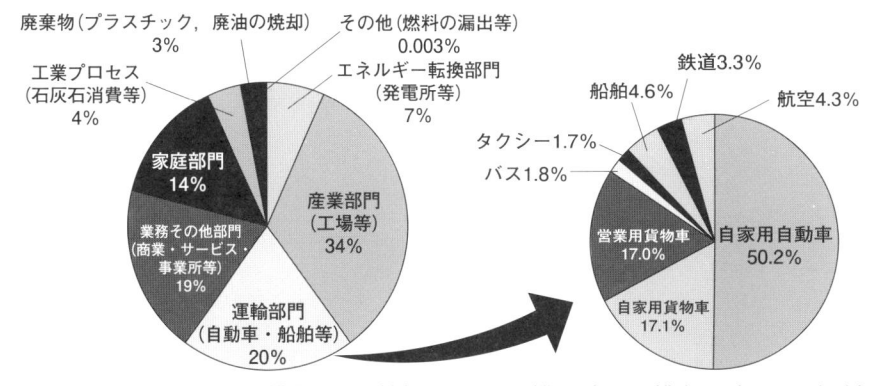

図1 日本の部門別$CO_2$排出量と運輸部門における機関別$CO_2$排出量（2009年度）
［国立環境研究所 GIO データより作成］

表1 エコドライブの具体的方法

| |
|---|
| 運転操作 |
| 　発進時：穏やかなアクセル操作 |
| 　巡航時：車間距離を保ち加減速の少ないアクセル操作 |
| 　減速時：早めのアクセルオフとエンジンブレーキの活用 |
| 　停止時：5秒以上の停止ではアイドリングストップ |
| 運転操作以外 |
| 　暖機運転は寒冷地など特殊条件以外では不要 |
| 　気象条件に応じたエアコンの適切な使用 |
| 　不要な荷物を積まずに走行 |
| 　タイヤの空気圧チェックで適正値に設定 |
| 　高速走行時の空気抵抗低減（ルーフキャリアを外す、窓を閉じる） |
| 　交通渋滞となる違法駐車の回避 |
| その他 |
| 　事前の道路状況チェックによる計画的走行 |

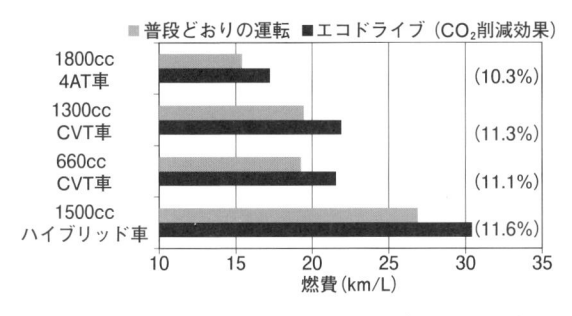

図2 複数の車種によるエコドライブ効果の計測例
［国立環境研究所ニュース 28-3, 2009］

## 【☕ ティータイム：自転車発電】

自転車こいで電球点灯中
（エコライフフェア　国立環境研究所ブース（東京・代々木公園））

　国立環境研究所では春・夏の一般公開や所外での催しなどで、節電や省エネを意識してもらうため、体験型の自転車発電を展示しており、これがどこへ行っても子供たちに大人気です。坂道を進むような感覚で自転車を漕ぐのですが、消費電力 60W の白熱電球と 10W 以下の LED 電球を比べると足にかかる負担が違うため、消費電力が違うことを実感できます。この装置は普通の自転車に市販の自転車発電機を取り付けたもので、瞬間的に 200W 程度まで発電できますが、その半分の 100W（例えば、省エネ型テレビ 40W ＋白熱電球 60W）を 1 分間供給し続けることはけっこう大変で、いつでも電気が使えるありがたさを身にしみて感じることができます。

# 第5章

# 地球規模で考えてみよう

## Q49 地球規模で今、真っ先に取り組まなければならないことは何ですか？

　公害のように人の健康や生活環境に直接被害をもたらす可能性は小さいが、影響や被害が国境を越え地球規模にまで広がり、人類の生存にも関わる深刻な影響を及ぼす恐れがある「地球環境問題」が大きな関心を呼んでいます。地球環境問題は、人間の活動が量的・質的に拡大し、環境が有する自浄能力を超える環境負荷が、自然環境や生態系に及んでいることに起因しています。特に、18世紀末の産業革命を契機として、エネルギー消費量や生産活動が飛躍的に拡大し、また人口が爆発的に増大したことが引き金となりました。

　環境基本法では地球環境問題として、①成層圏オゾン層破壊、②地球温暖化、③酸性雨、④有害廃棄物の越境移動、⑤海洋汚染、⑥野生生物の種の減少、⑦熱帯林の減少、⑧砂漠化、⑨開発途上国の公害問題、の9つの事象を挙げています。世界の科学者が指摘した21世紀の主要な環境問題を表1に示しました。地球温暖化に対する危機感が最も高く51％の科学者が主要な課題として選択しています。地球温暖化は、表中の淡水資源、森林破壊、砂漠化、生物多様性の減少、人口の増加、エネルギー消費などとも密接に関連しており、現在地球規模で真っ先に取り組まなければならない最優先課題と考えます。地球環境問題への取り組みに際しての重要な事項を要点にまとめました。

### 要点　地球環境問題への取り組み
1) 地球環境問題の解決のためには、開発途上国を含めた国際的な取り組みが必要。
2) 影響や被害が現実のものとなれば回復することがほとんど不可能、現在とるべき対策は直ちに実施することが重要。

　地球環境問題は、影響が明らかになるまでに長い時間がかかり、影響が明らかになった時点ではもはや回復が困難となる恐れがあり、たとえ疑わしい場合でも、長期的視点に立ってとるべき対策を実施しなければなりません。

　地球温暖化に関しては、温暖化の原因の解明と将来予測、環境や社会・経済などに及ぼす影響の解明、温暖化抑制のための政策的・技術的対策の推進などが重要となります。地球温暖化に関する情報・知見は、気候変動に関する政府間パネル（IPCC）が、科学的、技術的、社会経済学的見地から包括的な評価を行い、評価報告書（1990年第1次、1995年第2次、2001年第3次、2007年第4次評価報告書）として公表してきました。なお、最新の知見については、2013〜14年に第5次評価報告書として発表される予定となっています。

　地球温暖化対策としては温室効果ガス、中でも温暖化への寄与が最も大きい$CO_2$の排出抑制が重要となります。このような観点から本書でも、世界や日本

のCO₂の排出状況や排出削減対策に重点をおき、各種問題を取り上げました。

今後の温暖化対策を考える上で、東日本大震災の影響を除外することはできません。近年、多くの国が$CO_2$削減対策の一環として原子力発電の推進を掲げている中、大規模な原発事故は、原子炉の安全性に対する信頼を大きく損ないました。東日本大震災後は、図1にみられるように原子力発電所が順次運転休止に追い込まれ、2012年4月には54基すべてが停止する予定となっています。また、中長期的にも原子力発電所については可能な限り依存度を低くしていくものと考えられます。原子力発電を火力発電に転換すれば、$CO_2$削減計画に大きな影響を及ぼすことは必至です。

一方、電力供給不足に対し、産業界は電力使用制限を含め大幅な節電実績をあげ、また家庭でも節電意識が格段と向上しました。これを機に、省エネ活動のさらなる拡大、再生可能エネルギーの導入などに取り組み、より強固な低炭素社会の実現に向け、すべての国民が努力する必要があります。

なお、国際的にはすべての主要排出国が参加する$CO_2$排出抑制の枠組みを確立すること、また国内にあいては、エネルギー基本計画の見直し、特に新たなエネルギーベストミックスの検討、省エネの推進、再生可能エネルギーの普及などが望まれます。

表1　50ヵ国200人の科学者が指摘した21世紀の主要な環境問題

| 1) | 気候変動（地球温暖化） | 51% | 9) | 廃棄物処分 | 20% |
|---|---|---|---|---|---|
| 2) | 淡水資源の不足 | 29% | 10) | 大気汚染 | 20% |
| 3) | 森林破壊／砂漠化 | 28% | 11) | 土壌劣化 | 18% |
| 4) | 淡水の水質汚濁 | 28% | 12) | 生態系機能への影響 | 17% |
| 5) | 統治のまずさ | 27% | 13) | 化学物質による汚染 | 16% |
| 6) | 生物多様性の減少 | 23% | 14) | 都市化 | 16% |
| 7) | 人口の増加と移動 | 22% | 15) | オゾン層破壊 | 15% |
| 8) | 社会的価値観の変化 | 21% | 16) | エネルギー消費 | 15% |

［国立環境研地球環境センター資料より］

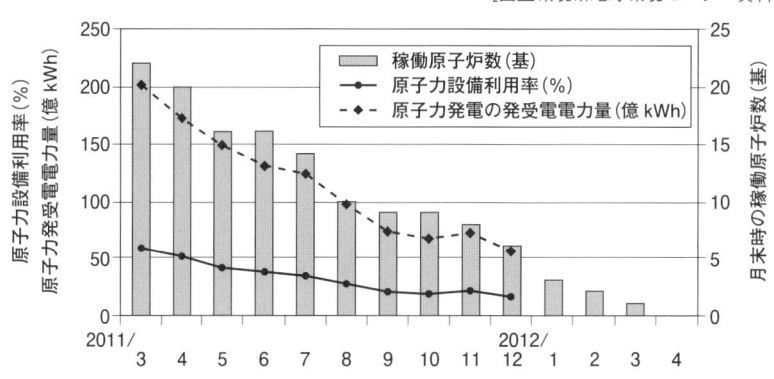

図1　東日本大震災以後の原子力発電所の動向　［電気事業連合会HPより作成］

## Q50 将来世代に優しい地球・環境を引き継ぐために何をすべきでしょうか？

　地球温暖化問題は21世紀における最も重要な課題であり、エネルギー対策はその中核を担うものです。18世紀の産業革命により、人類はエネルギーを動力として利用するようになり、便利でゆとりのある生活が可能となりました。それに伴い、世界人口は産業革命前の約6億人から1800年には10億人、1900年に20億人、そして現在の約70億人へと急激に増加し、2050年には92億人に達すると予測されています。人口の増大や生活レベルの向上を受け、エネルギー需要は中国、インドを中心に今後急速に増大するものと考えられます。

　現在、近未来、未来の環境調和型エネルギーシステムを図1に示しました。現在、世界の一次エネルギー消費量の約88%は化石燃料、残り6.5%を水力、5.5%を原子力が担っています。地球温暖化の原因となる$CO_2$の最大の排出源である化石燃料に代わり得るエネルギー源はありません。しかも、東日本大震災での原発事故により、$CO_2$を排出しない原子力への依存度は、今後減少すると考えられます。

　温暖化対策としては、エネルギーの高効率化、省エネの推進、再生可能エネルギーの導入・普及が当面の課題となります。将来的には、化石エネルギーの枯渇にも対応できるエネルギー源が不可欠です。再生可能エネルギーの普及は、現実的な対応策の1つですが、エネルギー密度が小さい、時間的変動が大きい、コストが高いなどの欠点があります。エネルギー貯蔵技術の開発をはじめとした高効率エネルギーシステムとして革新的技術開発が望まれます。未来エネルギーの1つとして、図2に示した核融合技術（地球上での太陽光再現）があります。安全性が高く、環境影響が小さいなどの利点があります。また、燃料となる重水素は海水から採れることから、エネルギーに関わる紛争をなくす意味からも、国際的研究機関であるITERでの実用化に向けた開発が待たれます。

　一方、日本に目を向けると、日本の総人口は図3にみられるように50年後には8,700万人、100年後には4,300万人程度にまで減少し、中でも64歳以下の生産年齢や年少の人口が急激に減り、少子高齢化が急速に進むと予測されています。

　地球温暖化対策など将来に向けた計画を立てる場合には、人口の急減、人口構成の変化などを十分に念頭におく必要があります。今までに鉄道や道路、空港など大型建造物が次々と建設され、社会基盤整備や雇用創出など多大な効果をもたらしました。一方、多大な税金が投入され、多量のエネルギーを消費し、大量の$CO_2$を排出してきました。また最近になり、事業を成立させるための計画段階での「過大な需要予測」と「過小な経費見積もり」が指摘されています。現在の人々の欲望を満たすための計画が、エネルギーを大量に消費し、環境を破壊し、さら

には経済的、社会的、人材的に将来世代の人々に大きなツケを回し、老朽化した施設の維持・管理を押しつけることは、「持続可能な発展」の精神に反します。「将来世代に優しい社会・環境」を引き継ぐことが強く望まれます。

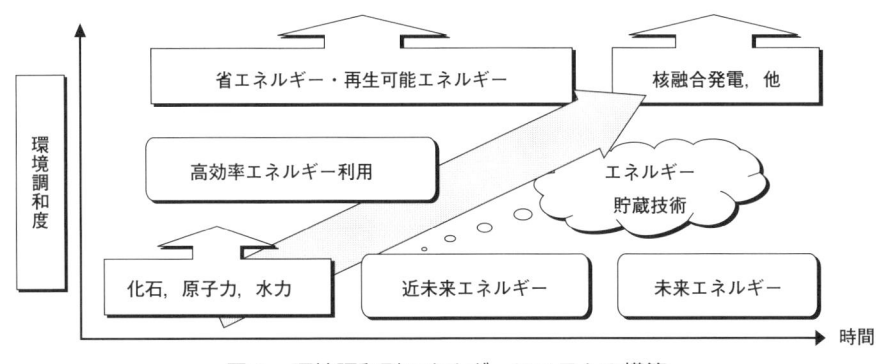

図1　環境調和型エネルギーシステムの構築

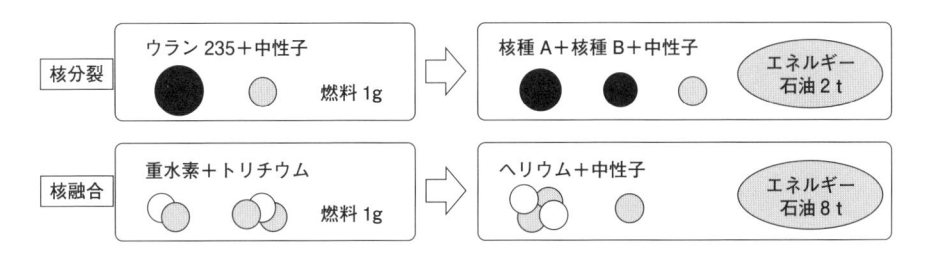

図2　現在の核分裂炉と将来の核融合炉の反応の違い

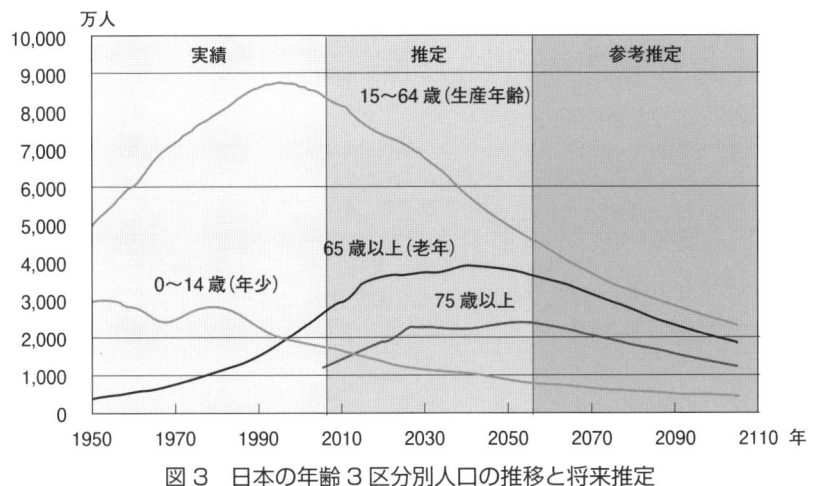

図3　日本の年齢3区分別人口の推移と将来推定
[国立社会保障・人口問題研究所／人口統計資料集(2009)より作成]

## 【☕ ティータイム：ドイツのトラム】

ボンの商店街を走行するトラム　奥には教会の屋根が見える

　国連気候変動枠組条約（UNFCCC）の事務局はドイツのボンにあります。ボンは旧西ドイツの首都でしたが、人口 30 万人とそれほど大きな都市ではありません。しかし、公共交通機関としてトラム（路面電車）網が発達しています。こういったところにも環境先進国と呼ばれるドイツの姿が見えてきます。日本においてこの人口規模の都市ではあまり路面電車をみることができませんが、ドイツではボンのような中規模都市の多くでもトラムが運行しています。市内片道切符の料金は安いわけではないですが、ボン中心部での駅の間隔はどこも 500 m ほどと短く、どの路線も 10 〜 15 分程度の間隔で運行し、深夜 0 時を過ぎても運行しているなど便利です。また、自転車をトラムに持ち込めるよう設計されている点も非常に魅力的です。

付　録

# $CO_2$ 関連／用語解説

# 付録　$CO_2$関連／用語解説

■ エコドライブ

「緩やかな発進や加減速のない運転をする」、「停止時間が長いときはエンジンを切ってアイドリングストップを実施する」などにより、無駄な燃料消費を減らす運転方法。自動車の燃料消費量を削減することで、大気汚染の原因となるNOx（窒素酸化物）やPM（粒子状物質）、地球温暖化の原因となる$CO_2$などの排出が抑制できる。

■ エコポイント制度

家電エコポイント制度は省エネ型家電製品の普及を目的として、対象となる「地上デジタルテレビ」、「エアコン」、「冷蔵庫」の購買時に他の商品購入や寄付などに利用できるポイントを付与した制度である。2009年5月から導入され、2011年3月に終了した。また、住宅エコポイント制度は一定の省エネ基準を満たす住宅の新築・改修を対象とし、家電エコポイント制度と同様にポイントを付与した制度である（2010年3月開始、2011年7月終了、2011年10月再開、2012年10月終了予定）。

■ エネルギー起源 $CO_2$

化石燃料である石油（ガソリンなど）、石炭、天然ガスを燃料として燃やし、エネルギー利用したときに発生する$CO_2$。ごみの焼却やセメントの生産プロセスなどで排出される非エネルギー起源$CO_2$と区別している。日本の温室効果ガス排出量のうち約90％はエネルギー起源$CO_2$である。

■ 温室効果ガス（GHG：Greenhouse Gas）

地表面から放射された赤外線を吸収し、再放射することで地球表面温度を高める効果を持つ気体（ガス）。太陽から放射されるエネルギーの大部分である可視光及び近赤外線は素通りする。京都議定書の第一約束期間は、二酸化炭素（$CO_2$）、メタン（$CH_4$）、一酸化二窒素（$N_2O$）、ハイドロフルオロカーボン類（HFCs）、パーフルオロカーボン類（PFCs）、六フッ化硫黄（$SF_6$）の6種類のガスが対象となっている。その他にオゾン（$O_3$）、三フッ化窒素（$NF_3$）、オゾン層破壊物質（モントリオール議定書対象物質）であるクロロフルオロカーボン類（CFCs）、ハイドロクロロフルオロカーボン類（HCFCs）なども温室効果ガスである。

■ 温室効果ガス排出量算定・報告・公表制度

2005年に改正された地球温暖化対策推進法（2006年4月施行）で導入された制度で、一定規模以上の温室効果ガス排出量がある事業者はその排出量を算定し

て国に報告しなければならないという制度。国はそのデータを集計して公表する。$CO_2$換算で3,000t以上の排出がある事業者が対象となっている。

■ カーボンオフセット
日常生活や経済活動に伴う$CO_2$などの温室効果ガス排出量を、他の排出削減活動（風力発電といった再生可能エネルギーや森林吸収など）のクレジットを購入することにより排出量を相殺（埋め合わせ）すること。

■ カーボンニュートラル
バイオマスの燃焼や生物の呼吸で発生する$CO_2$は、植物が光合成で大気中から吸収した$CO_2$であり、差し引きで大気中の$CO_2$は増えないため、バイオマスによる$CO_2$排出はプラスマイナスゼロとみなす考え方。

■ カーボンフットプリント
商品の生産・流通から廃棄までのライフサイクル全体を通して排出される温室効果ガスの量を$CO_2$の重さに換算して表示する仕組み。

■ 環境家計簿
家庭で使用したエネルギー（電気、ガス、ガソリンなど）や水道水、可燃ごみ等から家庭の$CO_2$排出量を計算できる家計簿。自分たちの生活における$CO_2$排出量を知ることにより、$CO_2$排出量の削減を進める第一歩として役立つ。

■ 環境モデル都市
低炭素社会の実現に向けて温室効果ガス削減などの取り組みを先駆的に行う自治体。2011年末現在、北九州市、京都市、堺市、横浜市、飯田市、帯広市、富山市、豊田市、下川町、水俣市、宮古島市、檮原町、千代田区の13自治体が選定されている。

■ 気候変動に関する政府間パネル（IPCC：Intergovernmental Panel on Climate Change）
国際的な専門家からなる、地球温暖化に関する科学的な知見、温暖化の環境的・社会経済的影響の評価、今後の対策のあり方について検討し、包括的な評価を行う政府間機構。1988年に世界気象機関（WMO）と国連環境計画（UNEP）により設立され、1990年に第1次評価報告書を発表した。2007年には第4次評価報告書を発表している。

■ 京都議定書
1997年12月に京都で開催された気候変動枠組条約第3回締約国会議（COP3）において採択された法的拘束力を持つ議定書。2005年2月発効。先進各国（附属書Ⅰ国）は2008年から2012年の第一約束期間における温室効果ガス排出量の削減目標（1990年比で日本は－6％、アメリカは－7％、EUは－8％など）

を義務付けられている。なお、その排出量削減のために、京都メカニズムや森林吸収源を利用することができる。

■ 京都議定書目標達成計画
地球温暖化対策推進法に基づき、京都議定書（第1約束期間）の6%削減目標を達成するために国が策定した計画。2005年に最初の計画が閣議決定され、その後、2008年に改定されている。

■ 京都メカニズム
京都議定書目標達成のため、国内の排出削減に補完的な制度として京都議定書に盛り込まれた制度であり、市場メカニズムを利用して、排出量を削減する制度。クリーン開発メカニズム（CDM）、共同実施（JI）、国際排出権取引（ET）からなる。

■ コージェネレーション（熱電供給システム）
発電による電力供給と同時に発生した排熱も利用して、給湯・暖房を行うエネルギー供給システム。発電システムのみのエネルギー利用効率は40%程度で、残りは排熱として失われるが、このシステムでは効率80%以上も可能である。

■ 国連気候変動枠組条約（気候変動に関する国際連合枠組条約、UNFCCC）
大気中の温室効果ガス濃度の上昇に伴う気候変動（地球温暖化）を防止するための枠組みを定めた国際条約。大気中の温室効果ガスの濃度の安定化を究極的な目的としている。1992年5月採択、1994年3月発効、翌年1995年より締約国会議（COP）を開催。2011年末現在、世界のほとんどの国が締約している。

■ 固定価格買取制度（FIT、フィード・イン・タリフ）
太陽光、風力、バイオマスなど再生可能エネルギーからの電力を高値の固定価格で買い取ることを保障する制度。ドイツやスペインなどではこの制度により再生可能エネルギーが大幅に普及した。日本では2009年に事業用目的以外の太陽光発電設備に対する買取制度が導入された。さらに、2012年7月からは太陽光発電以外も含めた再生可能エネルギー源（太陽光、風力、水力、地熱、バイオマス）に対する買取制度である「再生可能エネルギーの固定価格買取制度」が開始される。

■ 省エネルギー法（省エネ法、エネルギーの使用の合理化に関する法律）
省エネ推進のため、1979年に制定された法律。一定規模のエネルギーを使用している事業者への省エネの実施やエネルギー使用量の報告義務、トップランナー方式による家電や自動車などの省エネ基準などが定められている。

■ 地球温暖化
$CO_2$ などの温室効果ガスの大気中濃度が上昇することにより地球全体の気温が上昇すること。現在の地球温暖化は産業革命以降の化石燃料の消費などによる人

為的活動が原因であるとほぼ断定されている。地球温暖化の進行により、平均海面水位の上昇、異常気象の増加、生物種の減少、感染症の拡大など、人や環境への様々な影響が増大することが予測されている。

■ 地球温暖化対策推進法（温対法、地球温暖化対策の推進に関する法律）
地球温暖化対策の推進と京都議定書の目標達成を目的に、1998年に制定された法律。京都議定書目標達成計画の策定、温室効果ガス排出量算定・報告・公表制度、地方自治体の実行計画の策定などが定められている。

■ 低炭素社会（Low Carbon Society）
現在の$CO_2$を大量排出する化石燃料依存型の社会ではなく、化石燃料依存から脱却した$CO_2$排出の少ない持続可能な社会。

■ 二酸化炭素回収・貯留（CCS）
火力発電所や製鉄所など大規模排出源から排出される$CO_2$を分離・回収して地中や海中に貯留する技術。2003～2005年に新潟県長岡市で地中の帯水層に貯留する実証試験が行われ、現在は貯留後のモニタリングが続けられている。また、2012年からは苫小牧沖で海底下の地層に貯留する実証試験が行われる。

■ 排出量取引制度
国内排出量取引は、国内の工場や大規模事業所などに排出枠を定め、企業間などで排出枠を売買する制度である。海外では欧州排出量取引制度（EU-ETS）などがある。日本では環境省が行っている「自主参加型国内排出量取引制度（JVETS）」のほか、地方自治体では東京都や埼玉県が排出量取引制度を施行している。国際排出量取引は、京都議定書に盛り込まれた京都メカニズムの一つであり、附属書Ⅰ国間で排出枠を売買する制度である。

■ ハイブリッド自動車／プラグインハイブリッド自動車
ハイブリッド自動車はエンジン（内燃機関）とモーター（電動機）を組み合わせた自動車である。エンジンで走行しながら発電機を回し、発電された電気を蓄電し、モーターでも走行できる。従来のガソリン自動車に比べ、エネルギー効率に優れ、燃費が良く、排出ガスも少ない。プラグインハイブリッド自動車は家庭のコンセントなど外部電源から充電することができるハイブリッド自動車である。

■ 附属書Ⅰ国／非附属書Ⅰ国
国連気候変動枠組条約の附属書Ⅰに記載されている国。京都議定書において、排出削減目標を持つ国であり、先進国（アメリカ、日本、ドイツなど）と市場経済移行国（ロシアと東欧諸国）が含まれている。なお、この附属書Ⅰ国に対して、中国、インドなどの発展途上国は「非附属書Ⅰ国」と呼ばれる。

# 索　引

10 電力会社 ………………………… 49
1 人あたり排出量 ………………… 42
21 世紀環境立国戦略 …………… 70
5 つ星評価基準 ……………… 93, 97
9 つの事象 ………………………… 106
BEMS ……………………………… 98
CCS（$CO_2$ 回収・貯留技術）… 74, 115
$CO_2$ 換算量 ………………………… 2
$CO_2$ 減少要因 …………………… 48
$CO_2$ 増加要因 …………………… 48
$CO_2$ 濃度 …………………………… 4
$CO_2$ 排出係数 ………………… 10, 12
$CO_2$ 排出原単位 …………… 10, 33, 82
$CO_2$ 排出削減 …………………… 52
$CO_2$ 排出量 … 2, 5, 24, 29, 32, 42, 48, 94
COP17 ……………………………… 54
COP3 ……………………………… 58
F ガス類 …………………………… 16
GIO ………………………………… 14
IEA（国際エネルギー機関）…… 74
IPCC ………………………… 56, 113
IPCC ガイドライン ……………… 14
IPCC 第 4 次評価報告書 …… 70, 106
LED …………………………… 94, 98
OA 機器 …………………………… 98
UNEP ……………………………… 56
UNFCC ……………… 14, 54, 58, 114
WMO ……………………………… 56

## あ行

アイドリングストップ ……… 66, 102
アクセルオフ …………………… 103
アジェンダ 21 …………………… 58
按分方式 …………………………… 26
インベントリ ……………………… 30
美しい星 50 ……………………… 64
埋め立て …………………………… 88
運輸部門 ……… 38, 40, 44, 47, 90, 96
エアロゾル ………………………… 56

エコソリューション ……………… 86
エコドライブ …………………… 112
エコプロセス ……………………… 86
エコプロダクト …………………… 86
エコポイント制度 ……………… 112
エコワット ……………………… 100
エネルギー ………………………… 16
エネルギー起源 $CO_2$ ………… 36, 112
エネルギー原単位 …………… 11, 87
エネルギー種別 $CO_2$ 排出係数 … 27
エネルギー消費 …………… 26, 98
エネルギー多消費機器 …………… 92
エネルギー貯蔵 ………………… 108
エネルギー転換部門 ……………… 44
エネルギーバランス表 …………… 18
オイルショック …………………… 40
オフィス …………………… 96, 98
温室効果ガス ………… 2, 14, 58, 112
温室効果ガス排出総量削減義務 … 68
温室効果ガス排出量 … 20, 29, 42, 46, 72
温室効果ガス排出量算定・報告・公表制度
　　　…………………………… 112
温暖化影響 ………………………… 6

## か行

カーボンオフセット ………… 63, 113
カーボンニュートラル ………… 113
カーボンフットプリント …… 63, 113
カーボン・ミニマム ……………… 64
買取制度 …………………………… 78
海面水位 …………………………… 5, 6
核融合 …………………………… 108
ガソリン …………………………… 12
ガソリン車 ………………………… 84
活動量 ……………………………… 20
家庭 ………………………………… 30
家庭部門 ………… 26, 38, 44, 47, 100
火力発電所 ………………………… 48
環境確保条例 ……………………… 68

| | |
|---|---|
| 環境家計簿 | 30, 100, 113 |
| 環境税 | 62 |
| 環境調和型エネルギーシステム | 108 |
| 環境モデル都市 | 72, 113 |
| 緩和策 | 74 |
| 気温上昇 | 6 |
| 企業 | 28 |
| 気候変動 | 5, 56 |
| 気候変動に関する政府間パネル（IPCC） | 56, 113 |
| 気候変動対策 | 68 |
| 気候変動枠組条約（UNFCCC） | 14, 54, 58, 114 |
| 技術的対策 | 52 |
| 基準年 | 42 |
| 気体の体積 | 12 |
| キャップ・アンド・トレード | 63, 68 |
| 吸収源 | 22 |
| 京都議定書 | 14, 22, 36, 58, 113 |
| 京都議定書達成状況 | 61 |
| 京都議定書目標達成計画 | 62, 114 |
| 京都市地球温暖化対策計画 | 72 |
| 京都市地球温暖化対策条例 | 46, 72 |
| 京都メカニズム | 114 |
| 業務部門 | 38, 44, 47, 98 |
| グリーン・イノベーション | 73 |
| クリーン開発と気候に関するアジア太平洋パートナーシップ（APP） | 54 |
| グローバルリサーチアライアンス | 54 |
| 蛍光灯 | 94 |
| 減エネルギー | 52 |
| 原子力発電 | 52, 107 |
| 原子力発電所事故 | 48 |
| 原単位 | 10 |
| 建築物環境計画書制度 | 66 |
| 高機能鋼材 | 86 |
| 工業プロセス | 16 |
| 交通流対策 | 91 |
| 行程表 | 70 |
| コージェネレーション（熱電供給システム） | 114 |
| コペンハーゲン合意 | 59 |

## さ行

| | |
|---|---|
| 再植林 | 23 |
| 再生可能エネルギー | 62 |
| 産業部門 | 26, 29, 38, 40, 42, 44, 47 |
| 事業者対策計画書制度 | 66 |
| 地震 | 32 |
| 自然災害 | 32 |
| 持続可能な滋賀社会ビジョン | 70 |
| 持続可能な社会 | 64 |
| 市町村単位の$CO_2$排出量 | 26 |
| 自動車 | 40, 102 |
| 自動車環境計画書制度 | 66 |
| 自動車輸送統計調査 | 25 |
| シナリオ | 6 |
| 社会システム | 90 |
| 住宅 | 100 |
| 寿命 | 94 |
| 省エネ特定機器23品目 | 97 |
| 省エネルギー技術（省エネ技術） | 52, 74, 96 |
| 省エネルギー対策 | 84 |
| 省エネルギー法（省エネ法） | 40, 96, 114 |
| 省エネルギーラベル（省エネラベル） | 93, 96, 100 |
| 蒸気発電 | 80 |
| 照明革命 | 94 |
| 将来世代 | 108 |
| 条例 | 66 |
| 植生回復 | 23 |
| シリコン | 78 |
| 人為災害 | 32 |
| 新エネルギー | 70 |
| 新エネルギー法 | 76 |
| 新規植林 | 23 |
| 人口構成 | 108 |
| 人口推移 | 109 |
| 森林経営 | 23 |
| 森林減少 | 23 |
| スターン・レビュー | 6 |
| スマートグリッド | 74 |
| スマート・コミュニティ | 73 |
| スマートドライブコンテスト | 102 |
| 生活スタイル | 90 |
| 政策的対策 | 52 |
| 石油 | 84 |
| 節電 | 107 |
| セメント生産 | 16 |
| 全量固定価格買取制度 | 62 |

| | |
|---|---|
| 総合エネルギー統計 | 18 |
| 送配電ロス | 83 |
| 粗鋼生産量 | 86 |

## た行

| | |
|---|---|
| 待機電力 | 93 |
| 大規模事業所 | 68 |
| 第2約束期間 | 54 |
| 太陽光 | 76 |
| 太陽光発電 | 61 |
| 第4次評価報告書 | 4, 6 |
| 脱温暖化 | 64 |
| ダム | 80 |
| 地球温暖化 | 2, 4, 6, 106, 114 |
| 地球温暖化係数（GWP） | 2, 20 |
| 地球温暖化相対寄与度 | 2 |
| 地球温暖化対策 | 6 |
| 地球温暖化対策基本法 | 62 |
| 地球温暖化対策計画書制度 | 68 |
| 地球温暖化対策推進法（温対法） | 28, 62, 115 |
| 地球環境 | 2 |
| 地球環境問題 | 106 |
| 蓄電池 | 78 |
| 中小水力発電 | 80 |
| 積み上げ方式 | 26 |
| ディーゼル乗用車 | 85 |
| 低炭素エネルギー源 | 64 |
| 低炭素化 | 83 |
| 低炭素社会 | 85, 115 |
| 締約国会議（COP） | 14, 54 |
| 適正処理 | 88 |
| 鉄鋼業 | 86 |
| 電気機器の省エネ性能表示 | 66 |
| 電気代 | 95 |
| 電気熱配分後の排出量 | 18 |
| 電力 | 30 |
| 電力化率 | 82 |
| 電力固定価格買取制度（フィード・イン・タリフ） | 60, 114 |
| 電力事業 | 82 |
| 電力排出係数 | 10 |
| 統一省エネラベル | 93, 96 |
| 導入可能量 | 76 |
| 道路交通センサス | 25 |
| 特定機器 | 92, 96 |
| 特定排出者 | 28 |
| 都市ガス | 12 |
| トップランナー基準 | 92, 96 |
| 都道府県 | 42 |

## な行

| | |
|---|---|
| 人間活動 | 56 |
| 燃費 | 90, 102 |
| 燃料 | 13, 24 |
| 燃料種 | 30 |
| 燃料の燃焼 | 18 |
| 農業 | 16 |
| ノーベル平和賞 | 57 |

## は行

| | |
|---|---|
| 廃エネルギー回収 | 84 |
| バイオマス | 74 |
| 廃棄物 | 16, 88 |
| 排出係数 | 10, 20, 24 |
| 排出原単位 | 30, 90 |
| 排出量取引制度 | 66, 68, 115 |
| バイナリー発電 | 80 |
| ハイブリッド | 90, 115 |
| 白熱灯 | 94 |
| 発光効率 | 95 |
| 発電端熱効率 | 83 |
| 非エネルギー起源$CO_2$ | 38 |
| 東日本大震災 | 48, 52, 107, 108 |
| 一人あたり$CO_2$排出量 | 36, 44 |
| 非附属書Ⅰ国 | 36, 115 |
| 評価報告書 | 56 |
| 風車 | 78 |
| 風力 | 76 |
| 風力発電 | 61 |
| 附属書Ⅰ（締約）国 | 36, 58, 115 |
| 賦存量 | 76 |
| 物質量 | 12 |
| 物流の効率化 | 91 |
| プラグインハイブリッド自動車 | 115 |
| 分子量 | 12 |
| 分別 | 88 |
| 平均気温偏差 | 5 |
| ベストミックス | 82 |
| 防災 | 32 |

放射強制力 …………………………………… 56

## ま行

民生部門 …………………………………… 40, 96
メガシティ ………………………………… 44
メガソーラー ……………………………… 78

## や行

揚水式 ……………………………………… 80

## ら行

ライフサイクル …………………………… 32
ライフサイクル排出量 …………………… 30
リサイクル ………………………………… 89

$CO_2$ の Q&A 50 ── グラフと図表でわかる環境問題

平成 24 年 4 月 25 日　発　行

編著者　笠原三紀夫, 東野 達, 酒井広平

発行者　池　田　和　博

発行所　丸善出版株式会社
〒 101-0051　東京都千代田区神田神保町二丁目 17 番
編集：電話(03)3512-3264／FAX(03)3512-3272
営業：電話(03)3512-3256／FAX(03)3512-3270
http://pub.maruzen.co.jp/

© Mikio Kasahara, Susumu Tohno, Kohei Sakai, 2012

組版印刷・株式会社 日本制作センター／製本・株式会社 松岳社

ISBN 978-4-621-08528-8 C0040　　Printed in Japan

**JCOPY** 〈(社)出版者著作権管理機構 委託出版物〉

本書の無断複写は著作権法上での例外を除き禁じられています。複写される場合は，そのつど事前に，(社)出版者著作権管理機構（電話 03-3513-6969, FAX03-3513-6979, e-mail：info@jcopy.or.jp）の許諾を得てください。